JN071102

統計力学講義ノート

掛下 知行・福田　　隆・寺井 智之
共 著

内田老鶴圃

はじめに

　著者の一人，掛下は，大学時代に量子力学を学んだ後に，統計力学を学んだのですが，あまりよく理解ができなかったという思いがあります．例えば，統計力学の最初の講義で，先生から，「統計の計算方法には主に３つあり，それらは，ミクロカノニカルアンサンブル，カノニカルアンサンブル，グランドカノニカルアンサンブルです．そして，いずれの方法で解いても一般的に同じ答えになります．あなた方の計算しやすい方法でアンサンブルを決め，計算したらよいのです．」と習うものの，それらの違いがしっくりとしませんでした．しかしながら，この学問により，さらにわからなかった熱力学についての物理的な意味と熱力学的諸量の関係(エントロピー，内部エネルギーやヘルムホルツの自由エネルギー等)が高校時代で習う場合の数と微分・積分の知識で導き出せるので，感動すら覚えたことを思い出します．そのうえ，多くの物理現象がこの学問で理由付けされることがわかりました(それを扱ったものを物性論と呼んでおります)．

　その掛下が，統計力学の基礎について，福田，寺井両先生(福田隆先生は2020年にご逝去)とご一緒に，材料系教室の学部３年生に講義をすることになりました．

　本書は，名講義とは程遠いのですが，その授業を通して，学生諸君がわかり難いところや上で述べた自分自身が学生のときにわからなかった基礎をできるだけ丁寧に書きました．特に，アンサンブルの違いを明確にするために理想気体や調和振動を例に，３つのアンサンブルを用いて解いていますので，これを参照し，３つの統計の違いを理解して下さい．この本では，分子・原子・電子・光子についてのエネルギー状態は，不連続になっていることを前提に書いております(量子力学により説明されるのですが，掛下らが書きました「理工系の量子力学」等を参照していただきますと幸いです)．また，この学問を築

き上げた天才的な物理学者のルードビッヒ・エドゥアルト・ボルツマン（L. E. Boltzmann）を拝して，ボルツマン定数を k_B で表しました．さらにこの本では，すべての対数の底はネピア数（e）としております．

　上記しましたようにこの本の内容は，統計力学の基礎を書いたもので，これだけは知っていてほしいという初学者向けの本です．15 回の講義でこれを達成するために，学生諸君にはこれだけは理解してほしいという基礎事項や基礎問題を精選し，計算過程はほぼ省略せずかつ詳細に記しました．これらは，統計力学の基礎をなす考えの把握につながることはもちろんのこと，統計力学と同じように学ばなくてはならないフーリエ級数，微積分，常微分・偏微分方程式等の理解にもつながるからと考えているからです．さらに，近い将来，計算科学が AI とともに発展し（マテリアルデザインとかマテリアルズインフォマティクスと呼んでいる分野です），新規機能性材料の予測が可能となることから，それを手段として使用する際の基礎にもなると思っているからです．

　最後になりましたが，この本を読まれた後，さらに興味を抱かれました方は，参考書に挙げました名著をぜひ読まれることをお勧めいたします．お願い事になりますが，この本に関します不備や誤植等はもちろんのこと内容に関するご意見も読者諸賢から頂くことができれば幸いであります．

　また，本書の成立につきまして，内田老鶴圃の内田学様をはじめ多くの方にいろいろとお世話になりました．ここに，厚く謝意を表します．

　2021 年 2 月 1 日

　　　　　　　　　　　　掛下知行　福田隆（逝去）　寺井智之

目　次

1回

統計力学の考え方

1.1 巨視的状態と微視的状態

　私たちは，物質の状態を巨視的な量で捉えている．すなわち，系の平衡状態である**巨視的状態**を巨視的な量である**熱力学変数**(例えば，体積 V，粒子数 N，温度 T，エネルギー E)により記述している．一方，私たちは，巨視的な状態を構成しているのは，電子・原子・分子・光子などの粒子であり，その数は極めて多く，約 10^{23} 個/モルであることを知っている．この粒子の状態は量子力学により得られる．それによると，粒子の状態はエネルギーに依存する数多くの状態がある．したがって巨視的状態は，粒子レベルの状態(これを**微視的状態**と呼ぶ)で記述できると考えられる．具体的に述べると，(N, V, E) で指定された1つの巨視的状態は，非常に多くの微視的状態の組み合わせで(組み合わせの結果 (N, V, E) となる)記述できると考えられる．事実，長い歴史を経て，微視的状態から巨視的状態をいくつかの仮定を基に導いている．これが統計力学といわれる学問である．

　熱力学は，経験則から導かれたいくつかの基本法則のうえに築き上げられた現象論的な理論体系であり，巨視的な量である熱力学変数の間に成り立つ普遍的な関係を教えてくれる．しかしながら，ある熱力学関数(例えば，エントロピーや自由エネルギー)がどのような関数形で表されるかは，熱力学は何も教えてくれない．これらの量は，通常実験的に求められている．一方，統計力学は，原子・分子などの微視的状態から，熱力学関数を導出できる．すなわち，微視的状態に関する記述を与えることにより平衡状態である巨視的状態を数学的に記述できるといっても過言ではない(統計力学では，平衡状態からわずかにずれた状態についても議論することもできる場合があるが，これについては本書では扱わない)．

1.2　アンサンブル平均

　時間変化する微視的な状態すべてに対して，ある物理量 X が定まるとする．その X の**時間平均**が我々の測定する物理量に対応する(私たちは物理量を測定するときに，いつも有限の時間をかけて測定している)．しかしながら，多くの粒子(10^{20}-10^{23} 個)から構成された系において物理量の時間平均を計算することは，通常極めて困難である．そこで，統計力学では時間平均の代わりにアンサンブル平均を計算することで，物理量を求めるという手法をとる．**アンサンブル平均**とは，同一条件下において，ある特定の時間におけるある物理量の多数の測定値の平均であり，**集合平均**と呼ばれることもある．

　例として，ある物理量を 3 つの装置を使って時刻 t_1, t_2, t_3, t_4, t_5 に同じ時間をかけて測定した場合を考えよう．

　同じ時刻に，異なる装置で測定された値の平均がアンサンブル平均である．**表 1-1** のように時間平均とアンサンブル平均とは，通常は一致しない．しかしながら，測定時間の回数を極めて多くして測定するとともに，測定装置台数を極めて多くして測定した場合には，両平均値は一致すると考えられる．このように，時間平均とアンサンブル平均が一致する性質を**エルゴード性**という．統計力学では，このエルゴード性が成り立つとしている．すなわち，以下の仮

表 1-1

	装置 1	装置 2	装置 3	アンサンブル平均
t_1	30	25	30	28.3
t_2	20	30	30	26.7
t_3	25	25	20	23.3
t_4	20	20	25	21.7
t_5	30	30	25	28.3
時間平均	25	26	26	

定をして計算を進めている.

（仮定 1）　物理量の時間平均はアンサンブル平均として求めることができる.

　これは，あくまで仮定であり自明の事実ではない．しかし，多くの実験デー
タが，この仮定に基づいて説明できることがこれまでに示されてきた．逆に，
この仮定を積極的に否定するような実験データはこれまで出ていない．以下で
は，エルゴード性についてはこれ以上議論せず，仮定 1 が成り立つと考えるこ
とにする.

1.3　代表的なアンサンブル

　アンサンブル平均を行うためには，どのようなアンサンブルを考えればよい
のか．これまでに多くのアンサンブルが提案されている．特に代表的なアンサ
ンブルとして，ミクロカノニカルアンサンブル，カノニカルアンサンブル，グ
ランドカノニカルアンサンブルがある．どのアンサンブルを用いるのが便利で
あるのかは，どのような問題を考えるのかに依存する．どのアンサンブルを用
いても基本的には同じ答えが導かれると考えてよい．したがって，問題に応じ
て使いやすいアンサンブルを選べばよい．以下に，これらのアンサンブルにつ
いて簡単に説明する.

1.3.1　ミクロカノニカルアンサンブルの概要

　ミクロカノニカルアンサンブル（**図 1-1**）では，系は周囲と孤立していると考

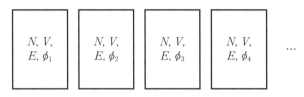

図 1-1　ミクロカノニカルアンサンブルの概念図

える．そのため，系を構成する粒子の数，系の体積ならびに系のエネルギーも一定となる．したがって，系の状態は (N, V, E) で指定されると考える．(N, V, E) が決まると巨視的には状態は決まってしまうが，上記したように微視的には多くの状態が存在する．いま，異なる微視的状態を $\phi_1, \phi_2, \phi_3, \ldots$ のように区別して表すことにする．ミクロカノニカルアンサンブルではこれらの微視的状態の出現確率は等しいと仮定する．そしてこの仮定のもとでアンサンブル平均を求める．

1.3.2　カノニカルアンサンブルの概要

　ミクロカノニカルアンサンブルでは，系は孤立していると考えたが，**カノニカルアンサンブル**（**図1-2**）では，対象とする系は温度 T の熱浴の中にあると考える．すなわち，エネルギーは一定ではなく，周囲とエネルギーのやりとりが可能である．カノニカルアンサンブルは，等温下での実験環境との対応がよく，最もよく使われるアンサンブルである．系は様々なエネルギー状態をとることができ，その状態の出現確率はエネルギーに依存する．すなわち，i 状態のエネルギー E_i をとる確率は $e^{-E_i/k_B T}$ に比例することが導かれる（5.1節）．カノニカルアンサンブルからエネルギーの等しい状態だけを取り出すと，ミクロカノニカルアンサンブルとなる．

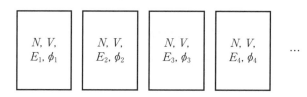

図1-2　カノニカルアンサンブルの概念図

1.3.3　グランドカノニカルアンサンブルの概要

　グランドカノニカルアンサンブル（**図1-3**）では，対象とする系は，温度 T，**化学ポテンシャル** μ（9.1節で説明する）の熱浴の中にあると考える．すなわ

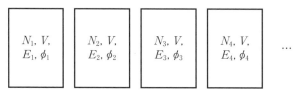

図1-3　グランドカノニカルアンサンブルの概念図

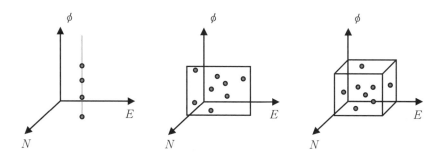

図1-4　左から，ミクロカノニカルアンサンブル，カノニカルアンサンブル，グラン
ドカノニカルアンサンブルの概念図

ち，エネルギーおよび粒子数ともに一定ではなく，周囲とエネルギーならびに
粒子のやりとりが可能であると考える．系は様々なエネルギーと粒子数の状態
をとることができ，粒子数 N で i 状態のエネルギー E_i が指定された状態の出
現確率は，$e^{-E_{i,N}/k_B T} e^{N\mu/k_B T}$ に比例することが導かれる（9.1節で導出する．
また，k_B はボルツマン定数である）．グランドカノニカルアンサンブルの中か
ら粒子数の等しいものだけを取り出すとカノニカルアンサンブルとなる．ま
た，カノニカルアンサンブルの中からエネルギーの等しいものだけを取り出す
と，ミクロカノニカルアンサンブルとなる（**図1-4**）．

　グランドカノニカルアンサンブルは，**量子状態**を数表記する場合や，粒子数
が変動する系を取り扱うのに向いている．詳しくは，9回で述べる．

1.4 平衡状態について（気体粒子（分子）の分布を例に）

　ここでは，平衡状態とは何かを知るために，**理想気体**（粒子間に弱い相互作用があるが，ここではないとする）の分布を例にして説明する．

　図 1-5 のように，内部に敷居がある箱がある（箱は**孤立系**である）．はじめ左側に理想気体が閉じ込められており，右側は空（真空）であるとする．左右を仕切っている壁に小さな穴をあけると，気体は左から右へと移動するであろう（**断熱過程**かつ仕事がないので系のエネルギーは変わらない．**非可逆過程**）．私たちは，気体を構成する個々の粒子の位置や運動量についての詳細を知らないとする．すなわち，時系列を追って粒子がどのように分布するかを知るすべをもっていないとする．しかしながら私たちは，十分に時間が経過すると**平衡状態**と呼ばれる状態に落ち着くことを知っている．この平衡状態はマクロには時間変化しない状態である．しかし，個々の粒子は動いているので，その微視的状態は時間とともに変化している．以下では，気体粒子の分布について考察することで，平衡状態がどのようなものかを概観する．すなわち，十分に時間が経ったときに粒子がどのように分布しているのかを考えてみる．

　2 つの領域の体積比を，$p:q\,(p+q=1)$ とする．いま，左側にある粒子の数を n とすると，右側にある粒子の数は，全体の粒子数が N であるから，$(N-n)$ となる．各粒子は 2 つの状態（左にあるか右にあるか）のいずれかをとることになる（したがって総数は，2^N 個ある）．各粒子について，左の領域

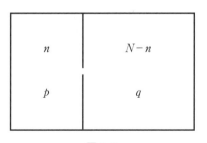

図 1-5

に存在する確率は p，右の領域に存在する確率は q であると考えることができる．よって，左の領域に n 個の粒子が存在する確率は，

$$P(n) = \frac{N!}{n!(N-n)!}\, p^n q^{N-n} = \binom{N}{n} p^n q^{N-n} \tag{1-1}$$

となる．

　具体例として，$p = q = \dfrac{1}{2}$（左側と右側の体積が等しい）で，$N = 10$ あるいは 100 個の場合の P の値を**図 1-6** に示す．

　n の平均値は pN であることが直観的にわかるが，次のように導出できる．

$$\bar{n} = \sum_{n=0}^{N} n P(n) = \sum_{n} \binom{N}{n} n p^n q^{N-n} = p \frac{\partial}{\partial p} \sum_{n} \binom{N}{n} p^n q^{N-n}$$

$$= p \frac{\partial}{\partial p} (p+q)^N = pN(p+q)^{N-1} = pN \tag{1-2}$$

図 1-6 を見てわかるように，$P(n)$ は，$\bar{n}$ において最大となっている．このことは，下式の比をとることからすぐに理解することができる．

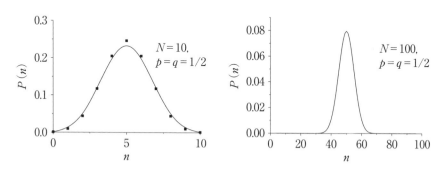

図 1-6

$$\frac{P(\bar{n})}{P(\bar{n}+1)} = \frac{\dfrac{N!}{\bar{n}!(N-\bar{n})!}p^{\bar{n}}q^{N-\bar{n}}}{\dfrac{N!}{(\bar{n}+1)!(N-\bar{n}-1)!}p^{\bar{n}+1}q^{N-\bar{n}-1}}$$

$$= \frac{(\bar{n}+1)q}{(N-\bar{n})p} = \frac{(\bar{n}+1)q}{N(1-p)p} = \frac{\bar{n}+1}{\bar{n}} > 1$$

$$\frac{P(\bar{n})}{P(\bar{n}-1)} = \frac{\dfrac{N!}{\bar{n}!(N-\bar{n})!}p^{\bar{n}}q^{N-\bar{n}}}{\dfrac{N!}{(\bar{n}-1)!(N-\bar{n}+1)!}p^{\bar{n}-1}q^{N-\bar{n}+1}}$$

$$= \frac{(N-\bar{n}+1)p}{\bar{n}q} = \frac{N-pN+1}{Nq} = \frac{N-\bar{n}+1}{N-\bar{n}} > 1$$

$$\therefore P(\bar{n}) > P(\bar{n}\pm 1)$$

次に，分布の幅を調べる．そのためには，n の標準偏差 σ を求めるとよい．

$$\sigma = \sqrt{\overline{(n-\bar{n})^2}} = \sqrt{\overline{n^2}-(\bar{n})^2}$$

$$\overline{n^2} = \sum_{n=0}^{N}\binom{N}{n}n^2 p^n q^{N-n} = p\frac{\partial}{\partial p}\left(p\frac{\partial}{\partial p}\sum_n \binom{N}{n}p^n q^{N-n}\right)$$

$$= p\frac{\partial}{\partial p}\left(p\frac{\partial}{\partial p}(p+q)^N\right)$$

$$= p\frac{\partial}{\partial p}(pN(p+q)^{N-1})$$

$$= pN((p+q)^{N-1}+p(N-1)(p+q)^{N-2})$$

$$= pN(1+(1-q)(N-1))$$

$$= pN(-qN+q+N) = pN(q+pN)$$

$$= pqN+p^2N^2 = pqN+\bar{n}^2$$

したがって，分散は $\overline{n^2}-\bar{n}^2 = pqN$ であり，標準偏差は

$$\sigma = \sqrt{pqN} \tag{1-3}$$

これより，分布の相対的な幅は，次のように表せる．

$$\frac{\sigma}{N} = \sqrt{\frac{pq}{N}} \tag{1-4}$$

いま，$p \sim q$，$N = 10^{20}$ とすると，$\frac{\sigma}{N} = O(10^{-10})$ となる．これより，粒子分布は平均値において，極めて鋭いピークをとることがわかる．したがって，N が大きい場合，系はほぼ確実に平均値付近の状態をとっている．この状態が平衡状態である．

　本例の場合，左側に約 Np 個の粒子があり，右側に約 Nq 個の原子がある状態が**平衡状態**である．これに対して，平衡状態に落ち着く前の状態は**非平衡状態**という．この本では，非平衡状態は取り扱わない．N が大きい場合，系がいったん平衡状態に落ち着くと，平衡状態から外れた状態となる場合は極めて少ない．

② 回

ミクロカノニカルアンサンブル

　ここではミクロカノニカルアンサンブルになれるため，1.4節で述べたものとは別の例を取り扱い，微視的状態とその確率について再度説明する.

　ミクロカノニカルアンサンブルでは，系は周囲と孤立しており，粒子の数 N，体積 V ならびにエネルギー E は一定であると考える(系のエネルギーは厳密に一定である必要はない．実際に完全に孤立した系を作ることは不可能である．したがって，ある狭いエネルギー幅の範囲にあると考えれば十分である)．また，(N, V, E) が決まると巨視的には状態は決まってしまうが，微視的には多くの状態が存在する(1.4節で示した例では，2^N 個)．異なる微視的状態がアンサンブルの中に現れる確率はどのように表されるであろうか．ミクロカノニカルアンサンブルでは，次のような仮定を設ける.

(仮定2)　(N, V, E) で指定された巨視的状態に対応するどの微視的状態をとっても，それがアンサンブルの中に現れる確率は等しい．これは，等確率の原理ともいわれる.

これもまた，あくまで仮定であり自明の事実ではない．しかし，この仮定を積極的に否定する実験結果はこれまでに報告されていないので，以下では，この仮定が成り立つと考える.

　さて，(N, V, E) で指定されたある巨視的状態に対して取り得る微視的状態の総数を Ω で表すとすると，i で指定される微視的状態 ϕ_i の現れる確率 P_i は次のように表せる(仮定2が成り立つと考えると，当然この形になることは容易にわかるであろう).

$$P_i = \frac{1}{\Omega} \tag{2-1}$$

このとき，ある物理量 X のアンサンブル平均は，

$$\bar{X} = \sum_{i=1}^{\infty} P_i X_i = \frac{1}{\Omega} \sum_{i=1}^{\infty} X_i \tag{2-2}$$

として求めることができる．

以下に具体例を示して詳しく説明する．

2.1　2価をとる簡単なモデルと多重度関数

ミクロカノニカルアンサンブルの簡単な例として**2価モデル**を考える．基本的には，1.4 節と同じである．したがって，系は周囲と孤立しており，粒子の数 N，体積 V ならびにエネルギー E は一定である．このモデルでは，N 個の格子点があり，各格子点には2種類の値のいずれかが入ると考える（1.4 節では粒子が左にいるか右にいるかに相当する）．いま，格子点に A 原子か B 原子のいずれかが入ると考えると合金のモデルとなる．また，格子点に大きさ m の磁気モーメント↑または↓が入ると考えると磁性体のモデルとなる．ここでは，簡単な磁性体のモデルを考える．

いま，格子点が2つある場合，磁気モーメントの入り方は，

$$↑↑, ↑↓, ↓↑, ↓↓$$

の $4(=2^2)$ 通りである．したがって，この場合4つの微視的状態があると考える（磁場がないので，各状態のエネルギーはいずれの場合も等しい）．各磁気モーメントの大きさを m とすると，それぞれの状態に対する全磁気モーメント M の値は，左から $2m, 0, 0, -2m$ である．したがって全磁気モーメントは3通りある．次に，格子点が3つあるときの入り方は，

$$↑↑↑, ↑↑↓, ↑↓↑, ↓↑↑, ↓↓↑, ↓↑↓, ↑↓↓, ↓↓↓$$

の $8(=2^3)$ 通りである．したがって，8つの微視的状態があると考える．これ

は，$(\uparrow + \downarrow)^3$ を展開したときの各項をならべたものとなっている．この場合，全磁気モーメント M の値は左から $3m, m, m, m, -m, -m, -m, -3m$ であり，4通りある．

一般に，格子点が N 個あるときの入り方は，$(\uparrow + \downarrow)^N$ を形式的に展開した項の数，すなわち 2^N 個あることになる．また，全磁気モーメント M の値は，$N+1$ 通りある．N が大きくなると，M の取り得る値 $(N+1)$ に比べて，取り得る状態の数 (2^N) は圧倒的に大きくなる．

ここで，$\uparrow$ の磁気モーメントが入っている格子点の数を $N_\uparrow$，$\downarrow$ が入っている格子点の数を $N_\downarrow$ で表すことにすると，

$$N = N_\uparrow + N_\downarrow \tag{2-3}$$

である．また，全磁気モーメントは，格子点の数を偶数とした場合，

$$M = m(N_\uparrow - N_\downarrow) = 2ms$$

と書き表せる．ここで，スピン差 $N_\uparrow - N_\downarrow$ を $2s$ と書いた(格子点が奇数の場合は，$2s+1$ となる)．

スピン差 $2s$ は $-N$ から N の範囲をとり，

$$N_\uparrow = \frac{1}{2}N + s, \quad N_\downarrow = \frac{1}{2}N - s$$

と書くことができる．さて，2項定理により，

$$(p+q)^N = \sum_{n=0}^{N} \frac{N!}{(N-n)!n!} p^{N-n}q^n \tag{2-4}$$

であるから，形式的に，

$$(\uparrow + \downarrow)^N = \sum_{s=-\frac{1}{2}N}^{s=\frac{1}{2}N} \frac{N!}{N_\uparrow! N_\downarrow!} \uparrow^{\frac{1}{2}N+s} \downarrow^{\frac{1}{2}N-s} \tag{2-5}$$

と書くことができる．ここで，

$$\Omega(N,V,s) \equiv \frac{N!}{N_\uparrow! N_\downarrow!} = \frac{N!}{\left(\frac{1}{2}N+s\right)!\left(\frac{1}{2}N-s\right)!} \tag{2-6}$$

は，スピン差が $2s$ となる微視的状態の数を表している．$\Omega(N,V,s)$ は**多重度関数**(場合の数)と呼ばれる．$\Omega(N,V,s)$ は，$s=0$ において最大をとる釣り鐘型の関数である．当然のことであるが，次の関係が成り立つ．

$$\sum_{s=-\frac{1}{2}N}^{s=\frac{1}{2}N} \Omega(N,V,s) = 2^N$$

N が大きな値($N \sim 10^{20}$)をとるとき，多重度関数 $\Omega(N,V,s)$ は $s=0$ の付近で極めて鋭いピークをとる．その様子を見るために，まず $\Omega(N,V,s)$ の対数をとる(以下，常に対数の底はネピア数 e である)．

$$\log \Omega(N,V,s) = \log N! - \log N_\uparrow! - \log N_\downarrow! \tag{2-7}$$

ここで $N \gg 1$ として，次のスターリングの近似式を用いる(2.2 節で述べる)．

$$\log N! \simeq \frac{1}{2}\log 2\pi + \left(N+\frac{1}{2}\right)\log N - N \tag{2-8}$$

$N_\uparrow$ と $N_\downarrow$ についても同様の近似を行い，$N = N_\uparrow + N_\downarrow$ を用いると，

$$\log \Omega(N,V,s)$$
$$\simeq \frac{1}{2}\log\left(\frac{1}{2\pi N}\right) - \left(N_\uparrow+\frac{1}{2}\right)\log\left(\frac{N_\uparrow}{N}\right) - \left(N_\downarrow+\frac{1}{2}\right)\log\left(\frac{N_\downarrow}{N}\right) \tag{2-9}$$

となる．ここで，

$$\log\left(\frac{N_\uparrow}{N}\right) = \log\left(\frac{1}{2}\left(1+\frac{2s}{N}\right)\right)$$

$$= -\log 2 + \log\left(1+\frac{2s}{N}\right)$$

$$\simeq -\log 2 + \frac{2s}{N} - \frac{1}{2!}\left(\frac{2s}{N}\right)^2$$

$$\log\left(\frac{N_\downarrow}{N}\right) = \log\left(\frac{1}{2}\left(1-\frac{2s}{N}\right)\right)$$

$$= -\log 2 + \log\left(1-\frac{2s}{N}\right)$$

$$\simeq -\log 2 - \frac{2s}{N} - \frac{1}{2!}\left(\frac{2s}{N}\right)^2$$

のように近似できる ($x \ll 1$ のときに成り立つ $\log(1+x) \simeq x - \dfrac{1}{2!}x^2 + \cdots$ を用いている). これらの近似を式(2-9)に代入して,

$$\log \Omega(N,V,s) \simeq \frac{1}{2}\log\left(\frac{1}{2\pi N}\right) + (N+1)\log 2 + (N+1)\frac{1}{2}\left(\frac{2s}{N}\right)^2 - \frac{4s^2}{N}$$

$$\simeq \frac{1}{2}\log\left(\frac{2}{\pi N}\right) + N\log 2 - \frac{2s^2}{N}$$

を得る. したがって,

$$\log \Omega(N,V,s) \simeq \log \Omega(N,V,0) - \frac{2s^2}{N}$$

となり,

$$\Omega(N,V,s) \simeq \Omega(N,V,0)\exp\left(-\frac{2s^2}{N}\right) \tag{2-10}$$

を得る. $s=0$ の $\Omega(N,V,s)$ の値は,

$$\Omega(N, V, 0) \simeq \left(\frac{2}{\pi N}\right)^{\frac{1}{2}} 2^N \tag{2-11}$$

となる. 式(2-10)に示した $\Omega(N, V, s)$ はガウス分布関数の形をしている. $s^2 = N/2$ のとき, $\Omega(N, V, s)$ は最大値 $\Omega(N, V, 0)$ の $1/e$ に減少する. このとき, $\dfrac{s}{N} = \left(\dfrac{1}{2N}\right)^{\frac{1}{2}}$ である. この値は, 分布の幅を表す尺度と見なすことができる. $N \sim 10^{20}$ のとき, 分布の幅は 10^{-10} 程度である. すなわち, 分布は非常に鋭いことがわかる(この話は, 1.4節と同じものであり, 2項分布をガウス分布に置き換えただけである. しかし, 2項分布よりもガウス分布の方が見通しがよい. また, 後にガウス分布の形を利用することになる).

　ここで, 2項分布とそれを近似したガウス分布について少し触れる. 式(2-6)より,

$$\Omega(N, V, 0) = \frac{N!}{\left(\dfrac{N}{2}\right)! \left(\dfrac{N}{2}\right)!}$$

である. 一方, 式(2-11)では,

$$\Omega(N, V, 0) \simeq \left(\frac{2}{\pi N}\right)^{\frac{1}{2}} 2^N$$

と近似している. $N = 50$ とすると, 前者は 1.264×10^{14} となり, 後者は 1.270×10^{14} であり, $N = 50$ 程度であっても, 2項分布は正規分布でよく近似できることがわかる(ガウス分布を用いたときの標準偏差の値は $\sigma = \dfrac{\sqrt{N}}{2}$ で2項分布の場合と同じである).

　以上をまとめると, ミクロカノニカルアンサンブル(N, V, E は一定)においては, その条件を満足する微視的状態数を表す多重度関数 $\Omega(N, V, s)$ が極めて鋭いピークをとり, その関数形はガウス分布関数で近似されることがいえる. その物理的解釈は3回で述べる.

【補足】 平均 μ，分散 σ^2 のガウス分布（正規分布）関数は次のように表される．

$$f(x) = \frac{1}{\sqrt{2\pi\sigma^2}} \exp\left(-\frac{(x-\mu)^2}{2\sigma^2}\right)$$

2.2　スターリングの近似式について

スターリングの公式には，いくつかの形式がある．応用上最もよく用いられているのは次式の形である．

$$\log n! = n\log n - n + O(\log n)$$

ここで，$O(\log n)$ は，$\log n$ 程度の大きさを意味するランダウ記号である．近似式として表すならば $\log n! \simeq n\log n - n$ である．できたら，

$$\log n! = \log 1 + \log 2 + \log 3 + \cdots + \log n = \sum_{k=1}^{n} \log k$$

であることを利用して，各自スターリングの公式を導出してみよう．もう少し，精度のよい近似式として，式(2-8)で用いた，次式のものが知られている（**表 2-1**）．

$$\log n! \simeq n\log n - n + \log\sqrt{2\pi n}$$

表 2-1　スターリングの公式の精度

n	$\log n!$	$n \log n - n$	$n \log n - n + \log \sqrt{2\pi n}$
10	15.1044126	13.02585093	15.09608201
20	42.3356165	39.91464547	42.33145014
30	74.6582363	72.03592145	74.65545867
40	110.32064	107.5551782	110.3185564
50	148.477767	145.6011503	148.4761003
60	188.628173	185.6606737	188.6267845
70	230.439044	227.3946669	230.4378531
80	273.673124	270.5621308	273.6720826
90	318.15264	314.9828703	318.1517137
100	363.739376	360.5170186	363.7385422

③ 回

ミクロカノニカルアンサンブル —熱平衡と温度—

　ここでは，1.3.1 節と 2.1 節で述べたミクロカノニカルアンサンブルの特徴
を，一般化することを目指す．そのために，2 つの孤立系が熱浴に接触した場
合を取り扱う．この場合，私たちは平衡状態では接触している 2 つの系の温度
が等しいということを経験的に知っている．この温度と多重度関数の関係につ
いて議論する．

　いま，2 価モデルの系として Sys1 と Sys2 の 2 つを考える．Sys1 と Sys2 を
接触させたとき，これら 2 つの**結合系**が孤立している場合に，どのような状態
に落ち着くかを考える．

　Sys1，Sys2 の多重度関数はそれぞれ $\Omega_1(N_1, V_1, s_1)$，$\Omega_2(N_2, V_2, s_2)$ である
とする（ここで示した s は，2.1 節で述べたスピン差 $(N_\uparrow - N_\downarrow = 2s)$ を表すも
ので，本質的にはエネルギー E と対応している）．Sys1 の $\Omega_1(N_1, V_1, s_1)$ 個の
それぞれに対して，Sys2 の $\Omega_2(N_2, V_2, s_2)$ 個の状態のどれが対応してもよい
から，s_1 と s_2 が決まっているときの結合系の取り得る微視的状態の数は Ω_1 と
Ω_2 の積，すなわち $\Omega_1(N_1, V_1, s_1)\,\Omega_2(N_2, V_2, s_2)$ である．結合系のエネルギー
は，$s = s_1 + s_2$ によって決まる．Sys1 と Sys2 の間でエネルギーの移動が可能
である場合，s が一定の条件下で，s_1 あるいは s_2 は変化してもよい．このよう
に考えると，結合系の多重度関数は，

$$\Omega(N, V, s) = \sum_{s_1 = -\frac{1}{2}N_1}^{s_1 = \frac{1}{2}N_1} \Omega_1(N_1, V_1, s_1)\,\Omega_2(N_2, V_2, s - s_1) \tag{3-1}$$

と表される．すなわち，取り得る s_1 に関して和をとる．アンサンブル平均は，
この $\Omega(N, V, s)$ 個の微視的状態についての平均である．ところが，s_1 の関数
である $\Omega_1(N_1, V_1, s_1)\,\Omega_2(N_2, V_2, s - s_1)$ は極めて鋭い分布を示す．そのため，

$\Omega_1(N_1, V_1, s_1)\,\Omega_2(N_2, V_2, s - s_1)$ を最大にする s_1 の値を s_1^* とすると，アンサンブル平均をとる際に，$\Omega(N, V, s)$ 個の状態について平均する代わりに，$\Omega_1(N_1, V_1, s_1^*)\,\Omega_2(N_2, V_2, s - s_1^*) \equiv (\Omega_1\Omega_2)_{\mathrm{max}}$ 個の状態について平均することで置き換えても構わない．このように置き換えた平均は，熱平衡状態における値と考えることができる．

3.1　最大値付近の鋭さ

$\Omega_1(N_1, V_1, s_1)\,\Omega_2(N_2, V_2, s - s_1)$ が最大値付近でどの程度の鋭さかを調べる．ガウス分布による近似から，

$$
\begin{aligned}
&\Omega_1(N_1, V_1, s_1)\,\Omega_2(N_2, V_2, s - s_1) \\
&= \Omega_1(N_1, V_1, 0)\,\Omega_2(N_2, V_2, 0) \exp\left(-\frac{2s_1^2}{N_1} - \frac{2(s - s_1)^2}{N_2}\right) \quad (3\text{-}2)
\end{aligned}
$$

と表すことができる．最大値をとる s_1 を知りたいので，対数をとってから極値を調べることにする．式(3-2)の対数をとると次式になる．

$$
\begin{aligned}
&\log \Omega_1(N_1, V_1, s_1)\,\Omega_2(N_2, V_2, s - s_1) \\
&= \log \Omega_1(N_1, V_1, 0)\,\Omega_2(N_2, V_2, 0) + \left(-\frac{2s_1^2}{N_1} - \frac{2(s - s_1)^2}{N_2}\right)
\end{aligned}
$$

したがって，

$$
\begin{aligned}
\frac{\partial}{\partial s_1}\left(\log \Omega_1(N_1, V_1, s_1)\,\Omega_2(N_2, V_2, s - s_1)\right) &= -\frac{4s_1}{N_1} + \frac{4(s - s_1)}{N_2} \\
&= 4\left(-\frac{s_1}{N_1} + \frac{s_2}{N_2}\right)
\end{aligned}
$$

となる．この微分が零となるのは式(3-3)のときである．

$$\frac{s_1^*}{N_1} = \frac{s_2^*}{N_2} = \frac{s - s_1^*}{N - N_1} = \frac{s}{N} \tag{3-3}$$

このように，s_1^*, s_2^* が決まったときの微視的状態の数は次のようになる.

$$
\begin{aligned}
(\Omega_1\Omega_2)_{\max} &= \Omega_1(N_1,V_1,0)\,\Omega_2(N_2,V_2,0)\exp\left(-\frac{2s_1^{*2}}{N_1} - \frac{2(s-s_1^*)^2}{N_2}\right)\\
&= \Omega_1(N_1,V_1,0)\,\Omega_2(N_2,V_2,0)\exp\left(-\frac{2s}{N}s_1^* - \frac{2s}{N}s_2^*\right)\\
&= \Omega_1(N_1,V_1,0)\,\Omega_2(N_2,V_2,0)\exp\left(-\frac{2s^2}{N}\right) \tag{3-4}
\end{aligned}
$$

次に，s_1, s_2 が s_1^*, s_2^* から少しずれた状態の数を考え，そのずれを δ とすると，次式となる.

$$s_1 = s_1^* + \delta, \quad s_2 = s_2^* - \delta$$

この値を用いると，$\Omega_1(N_1,V_1,s_1)\,\Omega_2(N_2,V_2,s_2)$ は，次のように計算される.

$$
\begin{aligned}
&\Omega_1(N_1,V_1,s_1)\Omega_2(N_2,V_2,s_2)\\
&= \Omega_1(N_1,V_1,s_1^*+\delta)\Omega_2(N_2,V_2,s_2^*-\delta)\\
&= \Omega_1(N_1,V_1,0)\Omega_2(N_2,V_2,0)\exp\left(-\frac{2(s_1^*+\delta)^2}{N_1} - \frac{2(s_2^*-\delta)^2}{N_2}\right)\\
&= \Omega_1(N_1,V_1,0)\Omega_2(N_2,V_2,0)\exp\left(-\frac{2s_1^{*2}}{N_1} - \frac{2s_2^{*2}}{N_2} - \frac{4s_1^*}{N_1}\delta + \frac{4s_2^*}{N_2}\delta - \frac{2\delta^2}{N_1} - \frac{2\delta^2}{N_2}\right)\\
&= (\Omega_1\Omega_2)_{\max}\exp\left(-\frac{2\delta^2}{N_1} - \frac{2\delta^2}{N_2}\right) \tag{3-5}
\end{aligned}
$$

いま，$N_1 = N_2 = 10^{20}$, $\delta = 10^{11}$ とする. このとき $\dfrac{\delta}{N_1} = 10^{-9}$ であり，平衡状態からのずれは極めて小さいと見なしてよい. それにもかかわらず，$\dfrac{2\delta^2}{N_1} = 200$ であるため，このときの $\Omega_1\Omega_2$ の値は最大値の e^{-400} 倍しかない.

これは，N が 10^{20} 程度の大きさをもつ巨視的な系の場合，平衡状態から明らかにずれた状態が出現する場合は極めて少ないことを意味する．

3.2　エントロピーと温度

ここまでは多重度関数を s の関数として見てきたが，このモデル系における磁場下のエネルギー U は s の値により決まるから（$M = m(N_\uparrow - N_\downarrow) = 2ms$，$U = -MH$），多重度関数はエネルギー E の関数として表されると考えることができる．Sys1 のエネルギーを E_1，Sys2 のエネルギーを E_2 とすると，結合系のエネルギーは $E = E_1 + E_2$ となる．Sys1 と Sys2 の間でエネルギーの移動が可能である場合，結合系の多重度関数 $\Omega(N, V, E)$ は，

$$\Omega(N, V, E) = \sum_{E_1} \Omega_1(N_1, V_1, E_1)\, \Omega_2(N_2, V_2, E - E_1)$$

となる．この和の中の最大項が熱平衡にある結合系の性質を決める．熱平衡状態は積 $\Omega_1 \Omega_2$ が最大値をとっている状態である．極値をとる条件より，

$$\frac{\partial}{\partial E_1}\left(\Omega_1(N_1, V_1, E_1)\, \Omega_2(N_2, V_2, E - E_1)\right) = 0 \tag{3-6}$$

となり，次式を得る．

$$\left(\frac{\partial \Omega_1}{\partial E_1}\right)_{N_1, V_1} \Omega_2 + \Omega_1 \left(\frac{\partial \Omega_2}{\partial E_1}\right)_{N_2, V_2} = 0$$

ここで，$dE_2 = -dE_1$ であることを考慮すると，平衡状態では次式の関係が成り立つ．

$$\frac{1}{\Omega_1}\left(\frac{\partial \Omega_1}{\partial E_1}\right)_{N_1, V_1} = \frac{1}{\Omega_2}\left(\frac{\partial \Omega_2}{\partial E_2}\right)_{N_2, V_2}$$

この式を変形し次式を得る．

$$\left(\frac{\partial \log \Omega_1}{\partial E_1}\right)_{N_1,V_1} = \left(\frac{\partial \log \Omega_2}{\partial E_2}\right)_{N_2,V_2}$$

いま，**エントロピー**と呼ばれる量を式(3-7)で定義する．

$$\sigma(N,V,E) \equiv \log \Omega(N,V,E) \tag{3-7}$$

このエントロピー σ と熱力学的エントロピー S の値を数値的に合わせるためには定数を掛ける必要があり，それは天下りではあるが式(3-8)となる．

$$S = k_{\mathrm{B}}\,\sigma = k_{\mathrm{B}} \log \Omega \tag{3-8}$$

ここに現れる定数 $k_{\mathrm{B}} = 1.38066 \times 10^{-23}\,\mathrm{J\,K^{-1}}$ は，ボルツマン定数と呼ばれている(式(3-8)は非常に大切なので覚えておこう)．熱力学的エントロピーを用いると熱平衡の条件は次のように表すことができる．

$$\left(\frac{\partial S_1}{\partial E_1}\right)_{N_1,V_1} = \left(\frac{\partial S_2}{\partial E_2}\right)_{N_2,V_2} \tag{3-9}$$

　私たちは，結合系が熱平衡にあるとき，温度が等しいことを知っている．すなわち，熱平衡において Sys1 の温度と Sys2 の温度は等しく，$T_1 = T_2$ が成り立つ．このことは，温度 T が $\left(\frac{\partial S}{\partial E}\right)_{N,V}$ の関数であることを意味する．そこで温度 T を式(3-10)により定義する．

$$\frac{1}{T} = \left(\frac{\partial S}{\partial E}\right)_{N,V} \tag{3-10}$$

この式は覚えておくこと(熱力学で出てくる式である)．もし，Sys1 と Sys2 の温度が等しくないなら，Sys1 と Sys2 の間でエネルギーの移動がおき，平衡状態に近づく．Sys1 から Sys2 にエネルギー ΔE が移動したとする．このとき，結合系のエントロピー変化は次の通りになる．

$$\Delta S = \left(\frac{\partial S_1}{\partial E_1}\right)_{N_1, V_1} (-\Delta E) + \left(\frac{\partial S_2}{\partial E_2}\right)_{N_2, V_2} \Delta E = \left(-\frac{1}{T_1} + \frac{1}{T_2}\right)\Delta E$$

この式において，$T_1 > T_2$ のときは，ΔE が正であれば ΔS は増加する．$T_1 < T_2$ のときは，ΔE が負であれば ΔS は増加する．いずれの場合も，温度が高い方から低い方にエネルギーが移動することにより，ΔS は増加する．ΔS の増加は合成系が取り得る微視的状態の数の増加を意味する，すなわち平衡状態に近づくことを意味する．

【補足】 上記では，取り得る微視的状態が等確率で現れるとして，エントロピーを導入した．確率が一定でない場合も含めると，一般的にエントロピーと呼ばれる量は，

$$\sigma = -\sum_i P_i \log P_i \tag{3-11}$$

として表される．ミクロカノニカルアンサンブルでは，確率は一定であるため $\left(P_i = \frac{1}{\Omega}\right)$，

$$\sigma = -\sum_{i=1} \frac{1}{\Omega} \log \frac{1}{\Omega} = -\Omega \frac{1}{\Omega} \log \frac{1}{\Omega} = \log \Omega$$

と表されることになる．ここに現れる $\sigma = -\sum_i P_i \log P_i$ という形は，情報理論でも用いられ，**平均情報量**，シャノン情報量，あるいは情報論のエントロピーと呼ばれている．σ の意味合いについて，コインの表と裏の確率で以下に説明する．コインを投げたときに表の出る確率を p，裏の出る確率を $1-p$ とすると，$p=1$ は確実に表が出ることを意味し，$p=0$ は確実に裏が出ることを意味する．これらの場合，我々はコインを投げた結果についての確実な情報をもっていることになる．一方で，$p=1/2$ の場合は，コインを投げた結果について，我々は完全に無知である．コインを1回投げることに対する情報論のエントロピーは，

$$\sigma = -\sum_i P_i \log P_i = -p \log p - (1-p) \log (1-p)$$

である．ここで，$p \to 0$ とすると，$\sigma \to 0$ であり，$p \to 1$ としても，$\sigma \to 0$ である．σ が最も大きくなるのは $p = 1/2$ のときであり，$\sigma = \log 2$ となる．このことより，σ は，我々の有する情報量を表していると見なすことができる．σ が大きいほど我々は情報に乏しく無知であり，σ が小さいほど我々は情報をもっていると考えることができる．

3.3 ミクロカノニカルアンサンブルのまとめ

ミクロカノニカルアンサンブルによる計算を以下にまとめる．

（1） 系の状態は (N, V, E) で指定される．この条件下で，多重度関数 $\Omega(N, V, E)$（場合の数）を求める．

（2） エントロピー S を，$S = k_B \log \Omega$ を用いて求める．

（3） $\dfrac{1}{T} = \left(\dfrac{\partial S}{\partial E}\right)_{N,V}$ から，**内部エネルギーを温度** T **の関数として求める．**

（4） 熱力学の知識から，圧力 p を，$p = T\left(\dfrac{\partial S}{\partial V}\right)_{N,E}$ を用いて求める．

（5） 熱力学の知識から，化学ポテンシャル μ を，$\mu = -T\left(\dfrac{\partial S}{\partial N}\right)_{V,E}$ を用いて求める．

また，以下のようにしてもよい．

（6） （3）の後，ヘルムホルツの自由エネルギー F を，$F = E - TS$ を用いて求める．

（7） あとは，$p = -\left(\dfrac{\partial F}{\partial V}\right)_{N,T}$ と $\mu = \left(\dfrac{\partial F}{\partial N}\right)_{V,T}$ により，圧力と化学ポテンシャルを求める．化学ポテンシャルについては，9回で詳しく述べる．

④ 回

ミクロカノニカルアンサンブルの具体例

4.1 空孔濃度

　ミクロカノニカルアンサンブルを使った例として，金属中の平衡空孔濃度について考えてみることにする．金属は結晶格子を形成しているが，すべての格子点に原子が存在するのではなく，ある割合で**空孔**が形成される．空孔濃度は温度によって決まることが知られている．空孔濃度がどの程度の値であるかについて考えてみる．原子の数を N，空孔の数を n とし，全部で $N+n$ 個の格子点があると考える．空孔を形成するとエネルギーは上昇するであろう．そこで，1 つの空孔が形成されるために必要なエネルギーを ϵ とする．また，空孔は互いに相互作用しないと仮定すると，n 個の空孔を形成することにより，系のエネルギーは空孔がない場合よりも $E=n\epsilon$ だけ高くなると考えられる．いま，ある温度 T における平衡空孔濃度 n/N を求めたい．

　平衡状態では，$\dfrac{1}{T}=\left(\dfrac{\partial S}{\partial E}\right)_{N,V}$ であることを利用する．エントロピー S の値を求めるためには，空孔の配置の多重度関数 Ω がわかればよい．その値は，$N+n$ 個の格子点に n 個の空孔を配置する場合の数であるから，

$$\Omega = {}_{N+n}\mathrm{C}_n = \frac{(N+n)!}{N!n!} \tag{4-1}$$

で表される．したがって，配置のエントロピーは，

$$S = k_\mathrm{B}\{\log(N+n)! - \log N! - \log n!\}$$

と表される．N, n は大きな数と考えスターリングの公式 $\log n! = n\log n - n$ を使って整理すると，

$$S = k_{\mathrm{B}}\{(N+n)\log(N+n) - N\log N - n\log n\}$$

となる．ここで，S を E の関数とするために，$n = E/\epsilon$ として上式に代入すると，

$$S = k_{\mathrm{B}}\left(\left(N + \frac{E}{\epsilon}\right)\log\left(N + \frac{E}{\epsilon}\right) - N\log N - \frac{E}{\epsilon}\log\frac{E}{\epsilon}\right)$$

となる．これより，

$$\frac{1}{T} = \left(\frac{\partial S}{\partial E}\right)_{N,V} = k_{\mathrm{B}}\left(\frac{1}{\epsilon}\log\left(N + \frac{E}{\epsilon}\right) + \frac{1}{\epsilon} - \frac{1}{\epsilon}\log\frac{E}{\epsilon} - \frac{1}{\epsilon}\right)$$

となる．ここで，$E = n\epsilon$ を代入して整理すると，

$$\frac{n}{N} = \frac{1}{e^{\frac{\epsilon}{k_{\mathrm{B}}T}} - 1} \tag{4-2}$$

が得られる．空孔形成エネルギーは，多くの金属で $1\,\mathrm{eV}\,(1.6\times10^{-19}\,\mathrm{J})$ 程度である．いま，試料温度が $1000\,\mathrm{K}$ であるとすると，$k_{\mathrm{B}}T = 1.38\times10^{-20}\,\mathrm{J}$ である．したがって，空孔濃度は $n/N = 9\times10^{-6}$ 程度となる．すなわち 10^5 個に 1 個は空孔ということになる．上式は，温度が高いほど空孔濃度が高いことを示している．また，空孔形成エネルギーが小さいほど空孔濃度が高いことを示している．

【ヘルムホルツ自由エネルギーを用いた別の求め方】

　熱力学で学んだように，温度を指定した平衡状態では，**ヘルムホルツ自由エネルギー** F が最小となる．このことを利用して，平衡空孔濃度を求めることにする．ヘルムホルツ自由エネルギーは，

$$F = E - TS = n\epsilon - TS$$

と表される．エントロピーは，

$$S = k_B \{(N + n) \log (N + n) - N \log N - n \log n\}$$

であった．したがって，ヘルムホルツ自由エネルギー F は次のようになる．

$$F = n\epsilon - k_B T \{(N + n) \log (N + n) - N \log N - n \log n\}$$

平衡状態では，空孔数の微小変化に対して自由エネルギーが極小となるはずであるから，$(\partial F/\partial n) = 0$ が成り立つ．したがって，

$$\frac{\partial F}{\partial n} = \epsilon - k_B T \left(\log (N + n) + \frac{N + n}{N + n} - \log n - \frac{n}{n} \right) = 0$$

となり，

$$\log \frac{N + n}{n} = \frac{\epsilon}{k_B T}$$

を得る．これより，空孔濃度は，

$$\frac{n}{N} = \frac{1}{e^{\frac{\epsilon}{k_B T}} - 1} \tag{4-3}$$

となり，式(4-2)と同じ結果が得られる．

4.2 調和振動子

量子力学で学んだように，**調和振動子**のエネルギーは振動数 ω を用いて，式(4-4)のように表せる．

$$\epsilon_n = \left(n + \frac{1}{2} \right) \hbar\omega, \quad (n = 0, 1, 2, \ldots) \tag{4-4}$$

相互作用の弱い N 個の調和振動子からなる系の全エネルギーが，

$$E = \left(M + \frac{N}{2} \right) \hbar\omega$$

と表される場合に，全エネルギーが温度の関数としてどのように表されるかを求めよう．これは，固体における格子振動の最も簡単なモデルであり，**アインシュタインモデル**と呼ばれている．1粒子あたり，3方向の振動の自由度があるから，粒子の数を N_a とすると，$N = 3N_a$ である．i 番目の調和振動子の量子数を n_i とすると，$\sum_{i=1}^{N} n_i = M$ である．エネルギーが等しい微視的状態の数は，全エネルギーを N 個の調和振動子に割り振る場合の数である．これは，M 個の白玉を N 人に割り振る場合の数と同じである．また，これは，M 個の白玉と $N-1$ 個の黒玉を1列に並べる場合の数に等しい．したがって，

$$\Omega = \frac{(M+N-1)!}{M!(N-1)!} \tag{4-5}$$

である．したがって，エントロピーは，

$$S = k_B \log \Omega \simeq k_B \{(M+N) \log (M+N) - M \log M - N \log N\}$$

と表すことができる．ここで，スターリングの公式を利用するとともに，$(N-1) \simeq N$ と近似した．温度とエントロピーの関係より，

$$\frac{1}{T} = \left(\frac{\partial S}{\partial E}\right)_{N,V} = \left(\frac{\partial S}{\partial M}\right)_{N,V} \left(\frac{\partial M}{\partial E}\right)_{N,V} = \frac{k_B}{\hbar\omega} \log \frac{M+N}{M}$$

となる．これを変形して，

$$\frac{1}{T} = \frac{k_B}{\hbar\omega} \log \frac{M + \dfrac{N}{2} + \dfrac{N}{2}}{M + \dfrac{N}{2} - \dfrac{N}{2}} = \frac{k_B}{\hbar\omega} \log \frac{\dfrac{E}{N} + \dfrac{\hbar\omega}{2}}{\dfrac{E}{N} - \dfrac{\hbar\omega}{2}}$$

を得る．これを E について解くと，

$$E = N\hbar\omega \left(\frac{1}{2} + \frac{1}{e^{\frac{\hbar\omega}{k_B T}} - 1}\right) \tag{4-6}$$

となる.

このエネルギーを,後述するカノニカルアンサンブルならびにグランドカノニカルアンサンブルを用いて導くが,いずれも式(4-6)と同じ結果を得る.

以下に,求めた内部エネルギーの高温での値と低温での値を導く.

まず高温について述べる.式(4-6)において $T \to \infty$ を考慮して内部エネルギーの式を変形すると,

$$E = 3N_a\left(\frac{1}{2} + \frac{1}{e^{\hbar\omega/k_BT} - 1}\right)\hbar\omega$$

$$\simeq 3N_a\left(\frac{1}{2} + \frac{1}{1 + \dfrac{\hbar\omega}{k_BT} - 1}\right)\hbar\omega \simeq 3N_ak_BT$$

のように表される($e^{\hbar\omega/k_BT} \simeq 1 + \dfrac{\hbar\omega}{k_BT}$ としている).

熱容量は,

$$C_V = \left(\frac{\partial E}{\partial T}\right)_{N,V} = 3N_ak_B = 3R \quad (R はガス定数) \tag{4-7}$$

となり,これを**デュロン-プティ**(Dulong-Petit)**の法則**という.

次に,低温の場合について述べる.絶対零度 0 K では,

$$E = \frac{1}{2}N\hbar\omega = \frac{3}{2}N_a\hbar\omega$$

である.これは零点エネルギーと呼ばれるもので,量子力学的効果により存在する.

$T \to 0$ のときの熱容量の温度依存性を調べる.ここで,$\dfrac{\hbar\omega}{k_B} = \theta$(アインシュタイン温度)とおくと,

$$C_V = \left(\frac{\partial E}{\partial T}\right)_{N,V} = 3N_a k_B \left(\frac{\theta}{T}\right)^2 \frac{e^{\frac{\theta}{T}}}{\left(e^{\frac{\theta}{T}}-1\right)^2}$$

$$\simeq 3N_a k_B \left(\frac{\theta}{T}\right)^2 \frac{e^{\frac{\theta}{T}}}{\left(e^{\frac{\theta}{T}}\right)^2} = 3N_a k_B \left(\frac{\theta}{T}\right)^2 e^{-\frac{\theta}{T}} \to 0$$

となる（このとき，$e^{\frac{\theta}{T}} \gg 1$ であるから，$e^{\frac{\theta}{T}}-1 \simeq e^{\frac{\theta}{T}}$ としている）．現実の低温度領域の C_V の温度依存性は，上記したものとは異なっており，$C_V \simeq T^3$ となっている．この原因は，上記の解析において振動はただ1つとしているところにある．これを解消した理論は，カノニカルアンサンブルのところで述べる．

　なお，理想気体のミクロカノニカルアンサンブルを用いた扱いについては，14回の問題1に示した．

⑤ 回

カノニカルアンサンブル

5.1 分配関数とボルツマン因子

カノニカルアンサンブル(統計的集団)の巨視的状態は(N, V, T)で指定される.カノニカルアンサンブルを構成する系のエネルギーは指定されていない.したがって,系は様々なエネルギーをとることができる.このような系は,温度Tの熱浴に接していると考えればよい.このような取り扱いは,温度を一定にして測定を行う実験と相性がよい.熱浴と接した系の微視的状態(量子力学で指定される状態)の出現確率は,その系のエネルギーに依存して異なるであろう.問題は,この微視的状態の出現確率を求めることにある.

ミクロカノニカルアンサンブルでは,構成する系の微視的状態のエネルギーが等しいと考えたので,その出現確率は等しいと仮定できた(2回:仮定2).カノニカルアンサンブルでもこの仮定をうまく利用して,出現確率を求めることにする.具体的には,熱浴と系とを合わせた孤立系を考えることにする.熱浴と系からなる合成系はエネルギーが一定の系と見なすことができ,この合成系ではミクロカノニカルアンサンブルで用いた仮定2が適用できる.以下,2つの代表的な取り扱いにより(以下にその1を,その2を5.2節に示す),系の微視的状態の出現確率を求める.その際に現れる,分配関数とボルツマン因子についても説明する.

【その1:エントロピーと多重度関数の関係を使う】

いま,対象とする系を Sys(system の略)と呼び,熱浴を R(reserve の略)と呼ぶことにする.Sys と R からなる合成系は周囲から孤立しており,合成系のエネルギーは一定値E_tであるとする(t は total の略).Sys のエネルギーをEとすると,R のエネルギーは$E_t - E$である.粒子数と体積は,考える系と

熱浴で変化しないので省略する。系のエネルギーが E であるときの微視的状態の数(縮退の数)を多重度関数を用いて $\Omega_{\mathrm{Sys}}(E)$ とすると、熱浴のそれは、$\Omega_{\mathrm{R}}(E_{\mathrm{t}}-E)$ となる。また、合成系の微視的状態の数を $\Omega_{\mathrm{t}}(E_{\mathrm{t}})$ とする。以上の量を定義すると、合成系の微視的状態数は式(5-1)のようになる。

$$\Omega_{\mathrm{t}}(E_{\mathrm{t}}) = \sum_E \Omega_{\mathrm{Sys}}(E) \cdot \Omega_{\mathrm{R}}(E_{\mathrm{t}}-E) \tag{5-1}$$

系がエネルギー E である微視的状態をとる確率を $P(E)$ とすると、

$$P(E) = \frac{\Omega_{\mathrm{Sys}}(E) \cdot \Omega_{\mathrm{R}}(E_{\mathrm{t}}-E)}{\Omega_{\mathrm{t}}(E_{\mathrm{t}})} \tag{5-2}$$

となる。

　ここで、$E_{\mathrm{t}} \gg E$ であることを考慮すると、$\Omega_{\mathrm{R}}(E_{\mathrm{t}}-E)$ を E に関してテイラー展開できる。その際に、$\Omega_{\mathrm{R}}(E_{\mathrm{t}}-E)$ の対数をとって行うと便利である。なぜなら、Ω は、エントロピー S と $S = k_{\mathrm{B}} \log \Omega$ の関係があるからである(もちろん、$\Omega = \exp\left(\dfrac{S}{k_{\mathrm{B}}}\right)$ として計算してもよい)。計算を進めよう。まず、$\Omega_{\mathrm{R}}(E_{\mathrm{t}}-E)$ の対数をとり、E で微分すると、

$$\begin{aligned}
\log \Omega_{\mathrm{R}}(E_{\mathrm{t}}-E) &= \log \Omega_{\mathrm{R}}(E_{\mathrm{t}}) - \left(\frac{\partial \log \Omega_{\mathrm{R}}}{\partial E}\right)_{E=0} E \\
&= \log \Omega_{\mathrm{R}}(E_{\mathrm{t}}) - \frac{E}{k_{\mathrm{B}}T}
\end{aligned}$$

となる。したがって、

$$\Omega_{\mathrm{R}}(E_{\mathrm{t}}-E) = \Omega_{\mathrm{R}}(E_{\mathrm{t}}) \exp\left(-\frac{E}{k_{\mathrm{B}}T}\right) \tag{5-3}$$

を得る。式(5-3)を式(5-2)に代入すると、

$$P(E) = \frac{\Omega_{\mathrm{Sys}}(E) \cdot \Omega_{\mathrm{R}}(E_{\mathrm{t}}) \exp\left(-\dfrac{E}{k_{\mathrm{B}}T}\right)}{\Omega_{\mathrm{t}}(E_{\mathrm{t}})}$$

となる. ここで, $\Omega_R(E_t)$ と $\Omega_t(E_t)$ は定数である. また, $\Omega_{Sys}(E)$ は, 系の
エネルギー E の縮退の数である.

これらを考慮すると, 系 Sys の i 状態(エネルギー E_i)をとる確率は,
e^{-E_i/k_BT} に比例することになる. この $\exp\left(-\dfrac{E_i}{k_BT}\right)$ のことを**ボルツマン因子**
と呼ぶ. P_i は規格化定数 C を用いて次式のように表すことができる.

$$P_i = C\exp\left(-\frac{E_i}{k_BT}\right)$$

C は次の規格化の条件で決まる.

$$\sum_{i=1}^{\infty} P_i = C\sum_i \exp\left(-\frac{E_i}{k_BT}\right) = 1$$

すなわち,

$$C = \frac{1}{\displaystyle\sum_i \exp\left(-\frac{E_i}{k_BT}\right)}$$

となる. ここで, 分母の $\displaystyle\sum_i \exp\left(-\dfrac{E_i}{k_BT}\right)$ を**分配関数**といい, ここでは Z_C
(large Z で示す. C は, Canonical Ensemble の C である)と表す. したがって,

$$Z_C = \sum_{i=1}^{\infty} \exp\left(-\frac{E_i}{k_BT}\right) \tag{5-4}$$

となる. この分配関数を用いると, 系がある微視的状態 i をとる確率は, その
エネルギー E_i を用いて式(5-5)のように表すことができる.

$$P_i = \frac{\exp\left(-\dfrac{E_i}{k_BT}\right)}{Z_C} \tag{5-5}$$

この結果は非常に重要である．覚えておこう．

5.2　分配関数の表し方についての注意

分配関数（状態和）は，$\beta = 1/k_\mathrm{B}T$ とおくと，

$$Z_\mathrm{C} = \sum_{i=1}^{\infty} e^{-\beta E_i}$$

と表せることを導入した．

ところで，状態 $i = 1, 2, 3, 4, \dots$ の中にはエネルギーの等しいものが多くある．エネルギーレベルの同じものをまとめることにし，j 番目のエネルギーレベルにある状態の数を Ω_j と表すことにすると，上式の状態和は，

$$Z_\mathrm{C} = \sum_{j=1}^{\infty} \Omega_j e^{-\beta E_j} \tag{5-6}$$

のように書き表すことができる．これは，エネルギーレベルで表現した分配関数である．エネルギーレベルが E である状態の数を Ω とすると，注目する系がそのエネルギーレベルをとる確率は，

$$P(\text{level}) = \Omega P(\text{state}) = \frac{\Omega e^{-\beta E}}{Z_\mathrm{C}}$$

のように書き表すことができる．ここで，Ω はエネルギーに関して増加関数であり，$e^{-\beta E}$ はエネルギーに関して減少関数である．したがって，$P(\text{level})$ はあるエネルギーにおいてピークをとる．粒子数が多いと，このピークは鋭くなる．

【補足】　ここで，Ω がエネルギーに関して増加関数であることについて簡単な例を用いて補足する（図 5-1）．いま，ϵ を単位として，$M\epsilon$ のエネルギーを N 個の系に割り振る場合を考えると，その場合の数 Ω は，

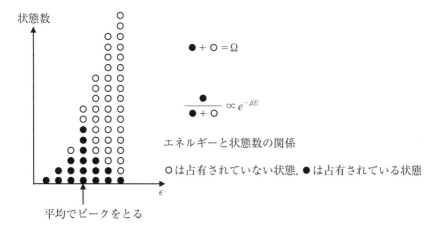

図 5-1

$$\Omega(N, M) = \frac{(M+N-1)!}{M!(N-1)!}$$

と表すことができる(これは，M 個の黒玉と $N-1$ 個の白玉を並べる場合の数に対応する)．いま，$N=4$ の場合を考えると，

$$\Omega(4, M) = \frac{(M+3)!}{M!\,3!} = \frac{1}{6}(M+3)(M+2)(M+1)$$

となり，明らかに，Ω は M の増加関数となっている．すなわち，エネルギーの増加関数である．

エネルギーの低い状態はほぼ占有されているが，状態数が少ない．エネルギーの高い状態は状態数が多いが，占有率が低い．そのため占有される状態数は平均のエネルギーのところでピークをとる．

【その 2 : スーパーシステムを使う】

系が熱浴と接しエネルギーの移動が可能となる場合において，系がある微視的状態 i をとる確率を次の方法により求めることもできる．いま，粒子数(極めて多数)と体積は変化しないが，エネルギーのやりとりができる系(これを**システム**と呼ぶ)A 個から構成される大きな系(この系を**スーパーシステム**と呼

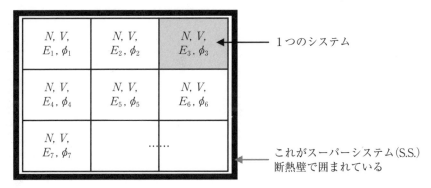

図 5-2　スーパーシステム (S.S.) の概念図 (A 個の系から構成されている．全エネルギーは E_t である)

ぶ) を考える．スーパーシステム自体は孤立系であり平衡状態にあるとする．1 つのシステムを考えたとき，他の $(A-1)$ 個のシステムは，熱浴と考えることができる．したがって，A の数は極めて大きな数を考えており，**図 5-2** はその様子を示している．

　このスーパーシステムにおいて，微視的状態が i でそのエネルギーが E_i であるシステムの数を n_i とすると，

$$\sum_{i=1}^{\infty} n_i = A, \quad \sum_{i=1}^{\infty} n_i E_i = E_t \tag{5-7}$$

となる．問題は，n_i をいかに求めるかということである．それは，スーパーシステムにおいて，$(n_1, n_2, n_3, \ldots)$ の組を与えると決まるシステムの場合の数 (これを $\Omega(\{n_i\})$ とする) が，式 (5-7) の条件下で最大をとらなければならないという物理的要請で求められる．このようにして求められた $\Omega(\{n_i\})$ を最大にする $(n_1, n_2, n_3, \ldots)$ を $(n_1^*, n_2^*, n_3^*, \ldots)$ とする．この n_i^* を用いて，状態 i が現れる確率 P_i は，

$$P_i = \frac{n_i^*}{A}$$

となる. 以下に計算を進める. まず, $\Omega(\{n_i\})$ の対数をとると,

$$\log \Omega(\{n_i\}) = \log \frac{A!}{\prod_i n_i!} = \log A! - \sum_{i=1}^{\infty} \log n_i!$$

となる. ここで, 大きな数に対して成り立つスターリングの近似式$(\log x! \simeq x \log x - x)$を用いると,

$$\log \Omega(\{n_i\}) \simeq \left(\sum_i n_i\right) \log\left(\sum_i n_i\right) - \sum_i n_i \log n_i$$

と表せる. ここで, 式(5-7)で示した拘束条件が2つあった. これらの拘束条件下で, $\log \Omega$ が極大となるように $n^* = (n_1^*, n_2^*, n_3^*, ...)$ を求める方法として, **ラグランジュの未定係数法**(下記「補足」に簡単に示す)を用いる. ラグランジュの未定係数法では, 次のような関数 $f(\{n_i\})$ を導入する.

$$f(\{n_i\}) = \log \Omega(\{n_i\}) - \alpha \sum_{i=1}^{\infty} n_i - \beta \sum_{i=1}^{\infty} n_i E_i \tag{5-8}$$

2つの未定係数 α と β は後に決める. この関数において, $\dfrac{\partial f(\{n_i\})}{\partial n_i} = 0$ を満たす n_i が, $\log \Omega(\{n_i\})$ の極大を与える. そこで, $\dfrac{\partial f(\{n_i\})}{\partial n_i}$ の計算をすると,

$$\frac{\partial f(\{n_i\})}{\partial n_i} = \frac{\partial}{\partial n_i} \left\{ \left(\sum_i n_i\right) \log\left(\sum_i n_i\right) - \sum_i n_i \log n_i - \alpha \sum_{i=1}^{\infty} n_i - \beta \sum_{i=1}^{\infty} n_i E_i \right\}$$

$$= \log \sum_i n_i + \frac{\sum_i n_i}{\sum_i n_i} - \log n_i - \frac{n_i}{n_i} - \alpha - \beta E_i$$

$$= \log A - \log n_i - \alpha - \beta E_i$$

となる. $\dfrac{\partial f(\{n_i\})}{\partial n_i} = 0$ を満たす n_i を n_i^* とすると,

$$n_i^* = Ae^{-\alpha}e^{-\beta E_i}$$

となる.ここで,$\sum_i n_i^* = A$ であることを考慮すると,

$$A = \sum_i n_i^* = Ae^{-\alpha}\sum_i e^{-\beta E_i}$$

となる.これより,$e^{\alpha} = \sum_i e^{-\beta E_i}$ と表せる.したがって,

$$P_i = \frac{n_i^*}{A} = \frac{e^{-\beta E_i}}{\sum_i e^{-\beta E_i}} = \frac{e^{-\beta E_i}}{Z_C} \tag{5-9}$$

のように書き表すことができる.$\beta = 1/k_B T$ とおくと,式(5-9)は式(5-5)と同じである.$\beta = 1/k_B T$ と表せることを5.3節で説明する.

【補足】 ラグランジュの未定係数法について:変数が2個の場合について考える.

2変数の関数 $u = f(x,y)$ が,$g(x,y) = C$(定数)という条件のもとで極値をとる場合を考える.$g(x,y) = C$ から,y は x の関数として考えることにすると,u が極値をとる条件は,

$$\frac{du}{dx} = \frac{d}{dx}f(x,y(x)) = \frac{\partial f(x,y)}{\partial x} + \frac{\partial f(x,y)}{\partial y}\frac{dy}{dx} = 0$$

となる.ここで,$g(x,y) = C$(定数)を x で微分すると,

$$\frac{\partial g(x,y)}{\partial x} + \frac{\partial g(x,y)}{\partial y}\frac{dy}{dx} = 0 \quad \therefore \frac{dy}{dx} = -\frac{\dfrac{\partial g(x,y)}{\partial x}}{\dfrac{\partial g(x,y)}{\partial y}}$$

となる.これを上式に代入すると,$u = f(x,y)$ が極値をとる条件は,

$$\frac{\partial f(x,y)}{\partial x}\frac{\partial g(x,y)}{\partial y} - \frac{\partial f(x,y)}{\partial y}\frac{\partial g(x,y)}{\partial x} = 0 \tag{5-10}$$

である.一方で,ラグランジュの未定係数法では,

$$F(x, y) = f(x, y) - \alpha g(x, y)$$

のようにおいて，x, y についての偏微分が零となる条件を求めている．すなわち，

$$\frac{\partial F(x, y)}{\partial x} = \frac{\partial f(x, y)}{\partial x} - \alpha \frac{\partial g(x, y)}{\partial x} = 0, \quad \frac{\partial F(x, y)}{\partial y} = \frac{\partial f(x, y)}{\partial y} - \alpha \frac{\partial g(x, y)}{\partial y} = 0$$

である．したがって，

$$\frac{\partial f(x, y)}{\partial x} = \alpha \frac{\partial g(x, y)}{\partial x}, \quad \frac{\partial f(x, y)}{\partial y} = \alpha \frac{\partial g(x, y)}{\partial y} \tag{5-11}$$

となる．このことから，式(5-11)が満足されているときには式(5-10)も自動的に満たされていることがわかる．このようにして，ラグランジュの未定係数法により，条件付き極値の問題が解けることがわかる．

5.3　温度・エントロピー

　温度と β の関係を見るために，系の平均のエネルギーについて調べてみる．系のエネルギー E は，平衡状態の値であり，それは $\sum_{i=1}^{\infty} E_i P_i$ で求められる．これは期待値あるいは平均値なので，$\overline{E}$ と表される．統計力学では $\overline{E}$ のバーを省略して E として表すことが多い．本書においても必要と考えられる以外は E とする．$\overline{E} = E = \sum_{i=1}^{\infty} E_i P_i$ と表すことができる．この微小変化を求めると，

$$dE = \sum_i E_i \, dP_i + \sum_i P_i \, dE_i$$

となるが，**熱力学第一法則**より

$$dE = TdS - pdV$$

である．さて，上式の右辺の第2項は，

$$\sum_i P_i\, dE_i = \sum_i P_i \left(\frac{\partial E_i}{\partial V} \right)_{N,T} dV = \sum_i P_i (-p_i)\, dV = -p\, dV$$

と変形できるから，第1項の $\sum_i E_i\, dP_i$ は TdS に対応することとなる．ところで，$\sum_i E_i\, dP_i = -\frac{1}{\beta} d\left(\sum P_i \log P_i \right)$ と表すことができる（下記の「補足」参照）ので，$dS = -\frac{1}{\beta T} d\left(\sum P_i \log P_i \right)$ のように対応することとなる．S が示量的であるためには，$\frac{1}{\beta T} = （定数）$ とおく必要がある．通常この定数は，S が熱力学的エントロピーと一致するようにボルツマン定数，

$$k_{\mathrm{B}} = 1.38066 \times 10^{-23}\ \mathrm{J\,K^{-1}}$$

にとる．このとき，$\beta = 1/k_{\mathrm{B}}T$ である．以上をまとめると，

$$\beta = \frac{1}{k_{\mathrm{B}}T}, \quad S = -k_{\mathrm{B}} \sum_i P_i \log P_i$$

である．この β のことを統計力学では**逆温度**と呼んでいる．ところで，

$$dE = \sum_i E_i\, dP_i + \sum_i P_i\, dE_i$$

において，第1項は，状態占有率の変化を表している．一方，第2項は状態のエネルギー固有値の変化を表している．熱により内部エネルギーが変化する場合は，エネルギー固有値の占有率が変化する．仕事により内部エネルギーが変化する場合は，エネルギー固有値それ自体が変化する．系を高温の熱浴に接触させた場合には，熱の移動によりエネルギーの占有率が変化する．系の体積をゆっくりと変化させた場合，仕事によりエネルギー固有値が変化する．

【**補足**】　上記した式が，$\sum_i E_i\, dP_i = -\frac{1}{\beta} d\left(\sum P_i \log P_i \right)$ と表せる理由について補

足する.

$P_i = \dfrac{e^{-\beta E_i}}{Z_C}$ より，$\log P_i = -\beta E_i - \log Z_C$ なので，$E_i = -(\log P_i + \log Z_C)/\beta$ となる．これより，

$$\sum_i E_i\, dP_i = -\frac{1}{\beta}\sum_i (\log P_i)\, dP_i - \frac{1}{\beta}\log Z_C \sum_i dP_i$$

$$= -\frac{1}{\beta}\sum_i (\log P_i)\, dP_i$$

となる．2つめの等号では，$\left(\sum_i P_i = 1\ \text{であるから}\right) \sum_i dP_i = 0$ となることを利用している．

一方で，

$$d\left(\sum_i P_i \log P_i\right) = \sum_i (\log P_i)\, dP_i + \sum_i P_i\, d(\log P_i)$$

$$= \sum_i (\log P_i)\, dP_i + \sum_i P_i \frac{1}{P_i}\, dP_i$$

$$= \sum_i (\log P_i)\, dP_i$$

となるので，$\sum_i E_i\, dP_i = -\dfrac{1}{\beta} d\left(\sum P_i \log P_i\right)$ となることがわかる.

6 回

カノニカルアンサンブルを用いた物理量

カノニカルアンサンブルから，代表的な物理量を求める．ある物理量 X の
アンサンブル平均は

$$\bar{X} = \sum_{i=1}^{\infty} P_i X_i = \sum_{i=1}^{\infty} \frac{X_i e^{-\beta E_i}}{Z_\mathrm{C}} \tag{6-1}$$

と表すことができる．例えば，エネルギーの平均値は，上記に従うと $\bar{E}$ とな
るが，これは5.3節で述べたように平衡状態におけるマクロな値なので，通常
E と表す．

$$\bar{E} = E = \sum_{i=1}^{\infty} E_i P_i = \sum_{i=1}^{\infty} \frac{E_i e^{-\beta E_i}}{Z_\mathrm{C}}$$

である．ところで，$\dfrac{\partial Z_\mathrm{C}}{\partial \beta} = \dfrac{\partial}{\partial \beta}\left(\sum_i e^{-\beta E_i}\right) = -\sum_i E_i e^{-\beta E_i}$ であるから，

$$
\begin{aligned}
E &= -\frac{1}{Z_\mathrm{C}} \frac{\partial Z_\mathrm{C}}{\partial \beta} \\
&= -\frac{\partial \log Z_\mathrm{C}}{\partial \beta} = k_\mathrm{B} T^2 \frac{\partial \log Z_\mathrm{C}}{\partial T}
\end{aligned} \tag{6-2}
$$

と表せる．式(6-2)は導出できるようにしておくこと．また，エントロピー S
は次のように表せる．

$$
\begin{aligned}
S &= -k_\mathrm{B} \sum_{i=1}^{\infty} P_i \log P_i = -k_\mathrm{B} \sum_i \frac{e^{-\beta E_i}}{Z_\mathrm{C}} \log \frac{e^{-\beta E_i}}{Z_\mathrm{C}} \\
&= -k_\mathrm{B} \sum_i \frac{e^{-\beta E_i}}{Z_\mathrm{C}} (-\beta E_i - \log Z_\mathrm{C})
\end{aligned}
$$

$$= \beta k_{\mathrm{B}} \sum_i \frac{E_i e^{-\beta E_i}}{Z_{\mathrm{C}}} + k_{\mathrm{B}} \log Z_{\mathrm{C}} \sum_i \frac{e^{-\beta E_i}}{Z_{\mathrm{C}}}$$

$$= \frac{E}{T} + k_{\mathrm{B}} \log Z_{\mathrm{C}}$$

$$= k_{\mathrm{B}} T \frac{\partial \log Z_{\mathrm{C}}}{\partial T} + k_{\mathrm{B}} \log Z_{\mathrm{C}}$$

ヘルムホルツの自由エネルギー F は，前式と次の熱力学関係式 $F = E - TS$ を比較することにより，

$$F = - k_{\mathrm{B}} T \log Z_{\mathrm{C}} \tag{6-3}$$

と表せる．この関係式は覚えておくと便利である．F が求まれば，内部エネルギー (E)，エントロピー (S)，圧力 (p)，化学ポテンシャル (μ) は，F から次式のようにして求めることができる．

$$E = - T^2 \left(\frac{\partial F/T}{\partial T} \right)_{N,V} = k_{\mathrm{B}} T^2 \left(\frac{\partial \log Z_{\mathrm{C}}}{\partial T} \right)_{N,V}$$

$$S = - k_{\mathrm{B}} \sum_{i=1}^{\infty} P_i \log P_i = - \left(\frac{\partial F}{\partial T} \right)_{N,V}$$

$$= k_{\mathrm{B}} T \left(\frac{\partial \log Z_{\mathrm{C}}}{\partial T} \right)_{N,V} + k_{\mathrm{B}} \log Z_{\mathrm{C}}$$

$$p = - \left(\frac{\partial F}{\partial V} \right)_{N,T} = k_{\mathrm{B}} T \left(\frac{\partial \log Z_{\mathrm{C}}}{\partial V} \right)_{N,T}$$

$$\mu = \left(\frac{\partial F}{\partial N} \right)_{V,T} = - k_{\mathrm{B}} T \left(\frac{\partial \log Z_{\mathrm{C}}}{\partial N} \right)_{V,T}$$

6.1　カノニカルアンサンブルにおけるエネルギーの揺らぎ

カノニカルアンサンブルを考える際に，我々は系のエネルギーを指定しなかった．エネルギーを指定する代わりに，温度一定の熱浴と接していると考え

た．ところが，系を構成する粒子数が非常に多い場合には，アンサンブル中の系のうち，圧倒的多数は，ほぼ同じエネルギーをもつ．すなわち，エネルギーの揺らぎは極めて小さい．以下にその理由を述べる．まず，エネルギーの平均値と標準偏差を求めることにする．エネルギーの平均値は，

$$\bar{E} = \sum_{i=1}^{\infty} \frac{E_i e^{-\beta E_i}}{Z_C}$$

であった．ここでは $\bar{E}$ で進める．この両辺に分配関数 Z_C を掛けると，次式のようになる．

$$\bar{E} \sum_i e^{-\beta E_i} = \sum_i E_i e^{-\beta E_i}$$

この両辺を β で微分すると，

$$\frac{\partial \bar{E}}{\partial \beta} \sum_i e^{-\beta E_i} + \bar{E} \sum_i - E_i e^{-\beta E_i} = -\sum_i E_i^2 e^{-\beta E_i}$$

となる．さらに，両辺を Z_C で割ると，

$$\frac{\partial \bar{E}}{\partial \beta} - \bar{E}^2 = -\overline{E^2}$$

となる．したがって，エネルギーの分散は式(6-4)のように比熱で表せる．

$$\overline{E^2} - \bar{E}^2 = \sigma_E^2$$
$$= -\frac{\partial \bar{E}}{\partial \beta} = k_B T^2 \left(\frac{\partial \bar{E}}{\partial T} \right)_{N,V} = k_B T^2 C_V \tag{6-4}$$

これより，標準偏差のエネルギー平均値に対する割合は，

$$\frac{\sigma_E}{\bar{E}} = \frac{\sqrt{k_B C_V}}{\bar{E}} T$$

と表すことができる．ここで，$\bar{E} = O(N k_B T)$，$C_V = O(N k_B)$ であることよ

り（$O(X)$ はランダウ記号であり，X 程度の値という意味），

$$\frac{\sigma_E}{\bar{E}} = O\left(\frac{\sqrt{k_B N k_B}}{N k_B T}\, T\right) = O\left(\frac{1}{\sqrt{N}}\right) \tag{6-5}$$

となる．ここで，$N \sim 10^{20}$ のとき $\dfrac{\sigma_E}{\bar{E}} = O(10^{-10})$ である．結局，系のエネルギーが平均値からずれていることはほとんどないといえる．

6.2　相互作用の弱い系の取り扱い（カノニカルアンサンブル）

これまで分配関数に現れてきたエネルギー固有値 E_i は，多粒子系のエネルギー固有値である．しかしながら，一般に多粒子系のエネルギー固有値を求めることは極めて困難である．その理由は粒子間に強い相互作用が働くからである．本書では，粒子間の相互作用が極めて弱いと考えられる系について扱うことにする．この場合，系のハミルトニアンは，1粒子のハミルトニアン（a粒子，b粒子，c粒子，… のハミルトニアンを $H_a, H_b, H_c, \dots$ とする）を用いて式 (6-6) のように表せる．

$$H = H_a + H_b + H_c + \cdots \tag{6-6}$$

特徴的なことは，相互作用を表す項が存在しないことである．$H_a, H_b, H_c, \dots$ に対するエネルギー固有値を $\epsilon_a, \epsilon_b, \epsilon_c, \dots$ とし，固有関数を $\varphi_a, \varphi_b, \varphi_c, \dots$ とすると系の波動方程式 $H\varphi = E\varphi$ の左辺は次式のように変形できる．

$$\begin{aligned}
H\varphi &= (H_a + H_b + H_c + \cdots)\,\varphi_a \varphi_b \varphi_c \cdots \\
&= H_a \varphi_a \varphi_b \varphi_c \cdots + \varphi_a H_b \varphi_b \varphi_c \cdots + \varphi_a \varphi_b H_c \varphi_c \cdots + \cdots \\
&= (\epsilon_a + \epsilon_b + \epsilon_c + \cdots)\,\varphi_a \varphi_b \varphi_c \cdots \\
&= (\epsilon_a + \epsilon_b + \epsilon_c + \cdots)\,\varphi
\end{aligned}$$

したがって，系の全エネルギーは，$E = \epsilon_a + \epsilon_b + \epsilon_c + \cdots$ と表せる．このことより，系全体のシュレディンガー波動方程式 $H\varphi = E\varphi$ を解く代わりに，1粒

子の波動方程式,

$$H_a\varphi_a = \epsilon_a\varphi_a, \quad H_b\varphi_b = \epsilon_b\varphi_b, \quad \cdots$$

をそれぞれ解けばよいことになる．その結果固有値が求まり，それぞれの粒子の分配関数(1粒子分配関数を small z と以後示す．全体の分配関数は，large Z と示す)は，

$$z_a = \sum_{i=1}^{\infty} e^{-\beta\epsilon_{ai}}, \quad z_b = \sum_{i=1}^{\infty} e^{-\beta\epsilon_{bi}}, \quad \cdots \tag{6-7}$$

と表される．系全体の分配関数Z_C (C は Canonical Ensemble の C である)はこれらの積として，

$$Z_C = z_a z_b z_c \cdots \tag{6-8}$$

と表すことができる．

　以下に，式(6-7)と式(6-8)について導出する．系として，N 個の区別できる原子からなる系を考える(結晶を考える)．また，この系は原子間に相互作用がない．系の巨視的状態は，原子数 N，体積 V，温度 T で指定される．系の分配関数は式(5-4)に示した，

$$Z_C = \sum_{i=1}^{\infty} \exp\left(-\frac{E_i}{k_B T}\right) = \sum_{i=1}^{\infty} \exp(-\beta E_i)$$

である．原子間に相互作用がないので，原子全体のエネルギー E_i は，j 番目の1原子のエネルギー ϵ_j を用いて，次のように表せる(j は原子の番号なので 1〜N をとる)．

$$E_i = \epsilon_{i,1} + \epsilon_{i,2} + \epsilon_{i,3} + \cdots + \epsilon_{i,N} = \sum_{j=1}^{N}\{\epsilon_{i,j}\}$$

上式で注意したいことは，系全体のエネルギーが E_i となる1原子のエネル

ギーの組み合わせ($\{\epsilon_{i,j}\}$)をすべて数え上げなければならないことである(原子のエネルギーのトータルの値が E_i となるので,これを表すために原子のエネルギーを $\epsilon_{i,j}$ と示した).これを Z_C に代入すると,

$$Z_\mathrm{C} = \sum_{i=1}^{\infty} \exp\left(-\beta E_i\right) = \sum_{i=1}^{\infty} \exp\left(-\left(\beta \sum_{j=1}^{N}\{\epsilon_{i,j}\}\right)\right)$$

となる.この式を眺めると,E_i の値はすべての値をとるので(すなわち制限がないので),E_i を固定した1原子のエネルギーの組み合わせ($\{\epsilon_{i,j}\}$)を考えて数え上げる必要がなくなることがわかる.すなわち,1原子のエネルギーは独立変数(制限がない)と考えて処理できることになる.したがって,Z_C は以下のようになる.

$$Z_\mathrm{C} = \sum_{i=1}^{\infty} \exp\left(-\beta E_i\right) = \sum_{i=1}^{\infty} \exp\left(-\beta(\epsilon_{i,1} + \epsilon_{i,2} + \epsilon_{i,3} + \cdots + \epsilon_{i,N})\right)$$

ここで,原子はその番号に関わらず同一のものであることを考慮すると,Z_C は以下のようになる.

$$Z_\mathrm{C} = \sum_{i=1}^{\infty} \exp\left(-\beta E_i\right) = \left(\sum_{i=1}^{\infty} \exp\left(-\beta \epsilon_i\right)\right)^{N} \tag{6-9}$$

もし同一原子ではなく異なる原子から構成されている場合は,式(6-9)で,粒子の数(N)が異なると考えるとよいことから,$Z_\mathrm{C} = z_\mathrm{a} z_\mathrm{b} z_\mathrm{c} \cdots$ と書けることになる.

このことを具体例で以下に示す(上の計算も考慮すること).

a原子1個とそれとは異なるb原子1個の計2個からなる系がある.それぞれエネルギーとして2種類だけを取り得るとする.すなわち,

$$z_\mathrm{a} = e^{-\beta a_1} + e^{-\beta a_2}, \quad z_\mathrm{b} = e^{-\beta b_1} + e^{-\beta b_2}$$

と表せるとする.このとき,

$$z_a z_b = e^{-\beta(a_1+b_1)} + e^{-\beta(a_1+b_2)} + e^{-\beta(a_2+b_1)} + e^{-\beta(a_2+b_2)}$$

であるが，この和の中の各項は，a, b からなる系のすべての取り得る状態を表している．すなわち，この右辺は a, b からなる系の分配関数を表している．以上で式(6-8)と式(6-9)について導出を行った．少しまとめると，系が N 個の同種粒子からなり，かつ各粒子が区別可能である場合，分配関数は1粒子の分配関数を z_C とすると，

$$Z_C = z_C{}^N \tag{6-10}$$

と表すことができる．このような取り扱いが可能な系を**独立局在粒子系**と呼ぶ．この場合，

$$F = -k_B T \log Z_C = -N k_B T \log z_C \tag{6-11}$$

と表すことができる．

　一方，動き回る粒子（理想気体や電子等）を取り扱う問題においては，粒子を区別することはできない（なぜ区別できないかについては，量子力学の教科書を参照．例えば，文献[9, 10, 11]）．粒子が区別できない場合は，$Z_C = z_C^N$ と考えると，状態を数えすぎていることになる．この場合は，

$$Z_C = \frac{z_C{}^N}{N!} \tag{6-12}$$

のように修正する（**修正ボルツマン統計**と呼ばれる）．

　このことについて，具体例で説明する．2つの粒子 a, b を考える（本当は区別できないが便宜上 a, b と分けて表す）．これらが，3つの1粒子量子状態 1, 2, 3 をとることが可能であるとする（**表6-1**）．

　もし，系を構成する粒子が**フェルミ粒子**（「11回：量子統計」で述べる．1つの状態に1個しか入れない）の場合，系の分配関数は，

$$Z_{FD} = e^{-\beta(\epsilon_1+\epsilon_2)} + e^{-\beta(\epsilon_1+\epsilon_3)} + e^{-\beta(\epsilon_3+\epsilon_2)}$$

表 6-1

1粒子状態	1	2	3	
	a	b	0	これら2つは同じ状態である 2!($=N!$) 個ある
	b	a	0	
	0	a	b	これら2つは同じ状態である 2!($=N!$) 個ある
	0	b	a	
	a	0	b	これら2つは同じ状態である 2!($=N!$) 個ある
	b	0	a	
	a, b	0	0	フェルミ粒子の場合は許されない状態だが,
	0	a, b	0	ボーズ粒子では許される
	0	0	a, b	

と表される. 一方で**ボーズ粒子**(「11回：量子統計」で述べる. 1つの状態に何個でも入れる)の場合, 系の分配関数は,

$$Z_{\mathrm{BE}} = e^{-\beta(\epsilon_1 + \epsilon_2)} + e^{-\beta(\epsilon_1 + \epsilon_3)} + e^{-\beta(\epsilon_3 + \epsilon_2)} + e^{-2\beta\epsilon_1} + e^{-2\beta\epsilon_2} + e^{-2\beta\epsilon_3}$$

と書き表される.

　一方で1粒子の分配関数は $z = e^{-\beta\epsilon_1} + e^{-\beta\epsilon_2} + e^{-\beta\epsilon_3}$ であり, このモデルでは $N = 2$ であるから,

$$\begin{aligned} z^N &= z^2 \\ &= 2! \, e^{-\beta(\epsilon_1 + \epsilon_2)} + 2! \, e^{-\beta(\epsilon_2 + \epsilon_3)} + 2! \, e^{-\beta(\epsilon_3 + \epsilon_1)} + e^{-2\beta\epsilon_1} + e^{-2\beta\epsilon_2} + e^{-2\beta\epsilon_3} \end{aligned}$$

と表される. あきらかに z^N は Z_{FD} や Z_{BE} と異なっている. しかし, 取り得る状態の数が粒子数より圧倒的に多い場合には, z^N は主に $N! \, e^{-\beta(\epsilon_i + \epsilon_j + \epsilon_k + \cdots)}$ という項から構成されていることになる. したがって, このような条件下においては,

$$Z_{\mathrm{FD}} \simeq Z_{\mathrm{BE}} \simeq \frac{z^N}{N!}$$

と表されることになる.

【注意】 ある温度 T において，取り得る量子状態の数とは，実質上 $k_BT \sim 10k_BT$ 程度のエネルギー固有値をとる状態の数である．その理由は以下の通りである．いま，基底状態のエネルギーをゼロと考える．$10k_BT$ のエネルギーをとる状態と，基底状態のエネルギーをとる状態の出現確率の比率は，$\dfrac{e^{-10\beta k_BT}}{e^{-0\beta}} = 4.5 \times 10^{-5}$ であり，実質上系が $10k_BT$ 以上のエネルギーをとることは，ほとんどないと考えてよい．したがって，温度が低下すると実質上取り得る量子状態の数も減少することとなる．そのため，低温では，

$$Z_C = \frac{z_C^N}{N!}$$

という近似は正しくない．前式の近似が正しいのは高温だけである(どのような温度を高温と呼ぶかについては後に考える)．低温状態を正しく取り扱うための統計手法(フェルミ統計，ボーズ統計)については，11 回で述べる.

6.3　1粒子エネルギーの揺らぎ

6.1 節において，粒子数 N が 10^{20} 程度の場合にはエネルギーの相対的な揺らぎは極めて小さいことを見た．しかし，1粒子に注目した場合，その取り得るエネルギーの揺らぎはエネルギーの大きさと同程度となる．このことを以下に示す.

ある1つの粒子に注目したとき，特定の1粒子状態 i となっている確率 η_i は，

$$\eta_i = \frac{e^{-\beta\epsilon_i}}{z_C}, \quad z_C = \sum_{i=1}^{\infty} \exp(-\beta\epsilon_i)$$

と表すことができる．これは，粒子が区別できる場合も区別できない場合も同

じである．1つの粒子のエネルギーの平均値は，

$$\bar{\epsilon} = \sum_{i=1}^{\infty} \eta_i \, \epsilon_i = \sum_{i=1}^{\infty} \epsilon_i \frac{e^{-\beta \epsilon_i}}{z_{\mathrm{C}}}$$

であるから（$\bar{\epsilon}$ で進める），両辺に z_{C} を掛けて，

$$\left(\sum_i e^{-\beta \epsilon_i} \right) \bar{\epsilon} = \sum_i \epsilon_i \, e^{-\beta \epsilon_i}$$

が得られる．この両辺を β で微分して，さらに両辺を z_{C} で割ると，

$$-\sum_i \frac{\epsilon_i \, e^{-\beta \epsilon_i}}{z_{\mathrm{C}}} \bar{\epsilon} + \frac{\partial \bar{\epsilon}}{\partial \beta} = -\sum_i \frac{\epsilon_i^2 e^{-\beta \epsilon_i}}{z_{\mathrm{C}}}$$

これより，

$$\overline{\epsilon^2} - \bar{\epsilon}^2 = -\frac{\partial \bar{\epsilon}}{\partial \beta} = k_{\mathrm{B}} T^2 \left(\frac{\partial \bar{\epsilon}}{\partial T} \right) = k_{\mathrm{B}} T^2 \frac{C_{\mathrm{V}}}{N}$$

$$= k_{\mathrm{B}} T^2 \frac{O(N k_{\mathrm{B}})}{N} = O((k_{\mathrm{B}} T)^2)$$

したがって，$\sqrt{\overline{\epsilon^2} - \bar{\epsilon}^2} = O(k_{\mathrm{B}} T)$ となる．このことより，1粒子径のエネルギーの標準偏差の値はエネルギーの大きさの平均値と同程度の大きさをもつことがわかる．

6.4　カノニカルアンサンブルのまとめ

カノニカルアンサンブルの分配関数は，

$$Z_{\mathrm{C}}(N, V, T) = \sum_{i=1}^{\infty} e^{-\beta E_i}$$

である．

系が N 個の同種粒子からなり，粒子間に相互作用がなく，かつ各粒子が区別できる場合，分配関数は 1 粒子の分配関数を $z_\mathrm{C}\left(=\sum_{i=1}^{\infty}\exp\left(-\beta\epsilon_i\right)\right)$ とすると，

$$Z_\mathrm{C}=z_\mathrm{C}^N \tag{6-13}$$

となる.

　一方，系が N 個の同種粒子からなり，粒子間に相互作用がなく，かつ各粒子が区別できない場合，分配関数は，

$$Z_\mathrm{C}=\frac{z_\mathrm{C}^N}{N!} \tag{6-14}$$

となる. 系の内部エネルギー (E)，エントロピー (S)，圧力 (p)，化学ポテンシャル (μ) は，ヘルムホルツの自由エネルギー $F\,(=-k_\mathrm{B}T\log Z_\mathrm{C})$ から次のように求まる.

$$E=-T^2\left(\frac{\partial F/T}{\partial T}\right)_{N,V}=k_\mathrm{B}T^2\left(\frac{\partial \log Z_\mathrm{C}}{\partial T}\right)_{N,V}$$

$$S=-k_\mathrm{B}\sum_{i=1}^{\infty}P_i\log P_i=-\left(\frac{\partial F}{\partial T}\right)_{N,V}$$

$$=k_\mathrm{B}T\left(\frac{\partial \log Z_\mathrm{C}}{\partial T}\right)_{N,V}+k_\mathrm{B}\log Z_\mathrm{C}$$

$$p=-\left(\frac{\partial F}{\partial V}\right)_{N,T}=k_\mathrm{B}T\left(\frac{\partial \log Z_\mathrm{C}}{\partial V}\right)_{N,T}$$

$$\mu=\left(\frac{\partial F}{\partial N}\right)_{V,T}=-k_\mathrm{B}T\left(\frac{\partial \log Z_\mathrm{C}}{\partial N}\right)_{V,T}$$

7 回

カノニカルアンサンブルの例（理想気体）

　ここでは，単原子理想気体を，カノニカルアンサンブルを用いて取り扱うことにする．N 個の同一単原子からなる理想気体を考える．粒子間の相互作用は弱いと考える．気体では原子は動き回るため，同一粒子を区別することができない．したがって，系の分配関数 Z_C は，1 粒子の分配関数 z_C を用いて，

$$Z_C = \frac{z_C^N}{N!} \tag{7-1}$$

となる．そこで，まず 1 粒子の分配関数 z_C を求めることにする．

7.1　1 粒子分配関数

　1 粒子の分配関数を求めるためには，1 粒子のエネルギー固有値が必要である．1 辺の長さが L である箱の中を動く質量 m の自由粒子を考える．自由粒子の**シュレディンガー波動方程式**は，

$$-\frac{\hbar^2}{2m}\left(\frac{\partial^2}{\partial x^2} + \frac{\partial^2}{\partial y^2} + \frac{\partial^2}{\partial z^2}\right)\varphi(x, y, z) = \epsilon\,\varphi(x, y, z) \tag{7-2}$$

であり，**周期境界条件**を与えて解くと，エネルギー固有値は，

$$\epsilon = \frac{h^2}{2mL^2}(n_x^2 + n_y^2 + n_z^2), \quad (n_x, n_y, n_z = 0, \pm 1, \pm 2, \pm 3, \ldots) \tag{7-3}$$

のように求まる（量子力学の教科書を参照．例えば，文献[9, 10, 11]）．エネルギー固有値が求まったので系の分配関数 Z_C は，

$$Z_\mathrm{C} = \frac{z_\mathrm{C}^N}{N!} = \frac{1}{N!}\left(\sum_{i=1}^{\infty} \exp\left(-\beta\epsilon_i\right)\right)^N$$

$$\text{(1 粒子の分配関数は,}\ z_\mathrm{C} = \sum_{i=1}^{\infty} \exp\left(-\beta\epsilon_i\right) \text{である)}$$

$$= \frac{1}{N!}\left(\sum_{n_x=-\infty}^{\infty}\sum_{n_y=-\infty}^{\infty}\sum_{n_z=-\infty}^{\infty} \exp\left(-\beta\left(\frac{h^2}{2mL^2}\left(n_x^2+n_y^2+n_z^2\right)\right)\right)\right)^N$$

となる. このまま (n_x, n_y, n_z) を変数として計算することもできるが(「13回:
演習問題(I)」参照), ここではエネルギー ϵ を変数として計算を進めること
にする. そのためには, (n_x, n_y, n_z) と ϵ の関係を得なければならない. それ
は, 式(7-3)から求められる. すなわち,

$$n_x^2 + n_y^2 + n_z^2 = \frac{2mL^2}{h^2}\epsilon = \frac{2mV^{\frac{2}{3}}}{h^2}\epsilon \tag{7-4}$$

である. ここで, この右辺を R^2 とおくと,

$$n_x^2 + n_y^2 + n_z^2 = R^2$$

となるので, 半径 R の球の式が得られる. この球の体積は, $\frac{4}{3}\pi R^3$ である.
また, n_x, n_y, n_z は整数であるから, n_x, n_y, n_z からなる座標系において, 1つ
の量子状態が占める体積は1である. したがって, 半径 R の球の中には, こ
の球の体積に相当する数の量子状態があることになる. エネルギーが ϵ よりも
小さな状態の総数 $\phi(\epsilon)$ は, 次式のように表せる.

$$\phi(\epsilon) = \frac{4}{3}\pi R^3 = \frac{4}{3}\pi\left(\frac{2m\epsilon}{h^2}\right)^{\frac{3}{2}}V$$

これをエネルギーで微分した式(7-5)の値は, エネルギー**状態密度**である.

$$D(\epsilon) = \frac{\partial\phi(\epsilon)}{\partial\epsilon} = 2\pi\left(\frac{2m}{h^2}\right)^{\frac{3}{2}}V\epsilon^{\frac{1}{2}} \tag{7-5}$$

この状態密度を用いると，状態和を積分で表すことができ，1粒子の分配関数は式(7-6)のように表せる．

$$z_{\mathrm{C}} = \sum_{i=1}^{\infty} \exp\left(-\beta\epsilon_i\right) = \int_0^{\infty} D(\epsilon)\, e^{-\beta\epsilon}\, d\epsilon$$

$$= 2\pi \left(\frac{2m}{h^2}\right)^{\frac{3}{2}} V \int_0^{\infty} \epsilon^{\frac{1}{2}}\, e^{-\beta\epsilon}\, d\epsilon \tag{7-6}$$

ここで，$\beta\epsilon = u$ と変数変換すると，式(7-7)のようになる．

$$z_{\mathrm{C}} = 2\pi \left(\frac{2m}{h^2}\right)^{\frac{3}{2}} \left(\frac{1}{\beta}\right)^{\frac{3}{2}} V \int_0^{\infty} u^{\frac{1}{2}}\, e^{-u}\, du \tag{7-7}$$

最後の積分は，**ガウス積分**より $\frac{\sqrt{\pi}}{2}$ であるから（下記「補足」参照），

$$z_{\mathrm{C}} = \left(\frac{2\pi m}{\beta h^2}\right)^{\frac{3}{2}} V = \frac{V}{\Lambda^3} \tag{7-8}$$

となる．ここで，$\Lambda \equiv \left(\frac{\beta h^2}{2\pi m}\right)^{\frac{1}{2}}$ は，熱的**ド・ブロイ波長**と呼ばれる長さの次元をもった値であり，考えている系が十分高温であるかを議論する際に重要となる．また，$n_{\mathrm{Q}} \equiv \frac{1}{\Lambda^3}$ は**量子濃度**と呼ばれる．

【補足】 ガウス積分の計算

以下の積分は，

$$I = \int_{-\infty}^{\infty} e^{-ax^2} dx$$

ガウス積分として知られている．この積分を求めるために，両辺を2乗する，その際，

$$I^2 = \int_{-\infty}^{\infty} \int_{-\infty}^{\infty} e^{-a(x^2+y^2)} \, dx \, dy$$

のように変数を便宜上 x と y に分ける．さらに，$x = r\cos\theta$, $y = r\sin\theta$ と極座標変換すると，ヤコビアン J は，

$$J = \frac{\partial(x,y)}{\partial(r,\theta)} = \begin{vmatrix} \partial x/\partial r & \partial x/\partial \theta \\ \partial y/\partial r & \partial y/\partial \theta \end{vmatrix} = \begin{vmatrix} \cos\theta & -r\sin\theta \\ \sin\theta & r\cos\theta \end{vmatrix} = r$$

であるから，

$$I^2 = \int_0^{2\pi} \int_0^{\infty} e^{-ar^2} r \, dr \, d\theta = 2\pi \int_0^{\infty} e^{-ar^2} r \, dr$$

$$= \pi \int_0^{\infty} e^{-at} \, dt = \pi \left[-\frac{e^{-at}}{a} \right]_0^{\infty} = \frac{\pi}{a}$$

ここで，$r^2 = t$ の変換を行った．I は正なので，$I = \int_{-\infty}^{\infty} e^{-ax^2} \, dx = \sqrt{\dfrac{\pi}{a}}$ となる．このガウス積分は，統計力学に限らず，統計学，誤差論，量子力学など，様々な分野において頻繁に現れる．いつでも導出できるようにしておこう．

さて，ガウス積分が次のように求まったので，

$$\int_{-\infty}^{\infty} e^{-ax^2} \, dx = \sqrt{\frac{\pi}{a}}$$

その両辺を a で微分すると，

$$\int_{-\infty}^{\infty} x^2 e^{-ax^2} \, dx = \frac{\sqrt{\pi}}{2} a^{-\frac{3}{2}}$$

となる．上述した，$\int_0^{\infty} u^{\frac{1}{2}} e^{-u} \, du$ の積分は $u^{\frac{1}{2}} = x$ と変数変換すると，

$$\int_0^{\infty} u^{\frac{1}{2}} e^{-u} \, du = \int_0^{\infty} 2x^2 e^{-x^2} \, dx = \int_{-\infty}^{\infty} x^2 e^{-x^2} \, dx = \frac{\sqrt{\pi}}{2}$$

と求まる．

7.2　系の分配関数と熱力学関数（理想気体を例にして）

7.1 節で得られた分配関数(式(7-8))を用いて，物理量の計算を行うこととする．粒子は区別できないことを考慮すると，N 個の自由粒子からなる系の分配関数は $Z_C = \dfrac{z_C^N}{N!}$ と表せる(式(7-1))ので，$\log Z_C$ は次式になる．

$$\log Z_C = N \log z_C - N \log N + N$$

$$= N \log\left(\frac{z_C\, e}{N}\right) = N \log\left(\left(\frac{2\pi m}{\beta h^2}\right)^{\frac{3}{2}} \frac{Ve}{N}\right)$$

これより，ヘルムホルツ自由エネルギー F は，

$$F = -k_B T \log Z_C = -k_B TN \log\left(\left(\frac{2\pi m k_B T}{h^2}\right)^{\frac{3}{2}} \frac{Ve}{N}\right)$$

と求まる．この F から，圧力 p は，

$$p = -\left(\frac{\partial F}{\partial V}\right)_{N,T} = \frac{k_B TN}{V} \tag{7-9}$$

のように表すことができ，理想気体の状態方程式が導かれる．

また，内部エネルギーは，

$$E = -\frac{\partial \log Z_C}{\partial \beta} = \frac{3}{2}\frac{N}{\beta} = \frac{3}{2}N k_B T \tag{7-10}$$

となり，1 自由度あたりの運動エネルギーが $\dfrac{1}{2}k_B T$ であることがわかる．この結果はとても重要なので覚えておこう．

エントロピーは,

$$S = \frac{E-F}{T} = Nk_{\mathrm{B}} \log\left(\left(\frac{2\pi m k_{\mathrm{B}}T}{h^2}\right)^{\frac{3}{2}} \frac{V}{N} e^{\frac{5}{2}}\right) \tag{7-11}$$

となる．この式は**ザックール–テトローデ**（Sackur–Tetrode）**の式**として知られている．

式(7-11)をさらに計算すると,

$$S = Nk_{\mathrm{B}}\left(\log\frac{V}{N} + \frac{3}{2}\log T + \frac{3}{2}\log\frac{2\pi m k_{\mathrm{B}}}{h^2} + \frac{5}{2}\right)$$

となる．

さらに，化学ポテンシャルは,

$$\mu = \left(\frac{\partial F}{\partial N}\right)_{V,T} = -k_{\mathrm{B}}T \log\left(\left(\frac{2\pi m k_{\mathrm{B}}T}{h^2}\right)^{\frac{3}{2}} \frac{V}{N}\right) \quad \left(= \frac{G}{N}\right) \tag{7-12}$$

と表される．ここで，Gは**ギブスの自由エネルギー**である．なお，理想気体のミクロカノニカルアンサンブルを用いた扱いについては，14回：問題1に示した．得られる結果は同じであるが，一度解いてみること．

7.3　修正ボルツマン統計の利用可能範囲について

ここでは，$Z_{\mathrm{C}} = \dfrac{z_{\mathrm{C}}^N}{N!}$ の近似が使える温度範囲について考える．エネルギーが ϵ より小さい状態の数は $\phi(\epsilon) = \dfrac{4}{3}\pi\left(\dfrac{2m\epsilon}{h^2}\right)^{3/2} V$ であった．いま，$\epsilon \sim k_{\mathrm{B}}T$ とすると,

$$\phi(k_{\mathrm{B}}T) = \frac{4}{3}\pi\left(\frac{2m k_{\mathrm{B}}T}{h^2}\right)^{\frac{3}{2}} V \sim \frac{V}{\Lambda^3}$$

となる. $Z_\mathrm{C} = \dfrac{z_\mathrm{C}^N}{N!}$ の近似ができるのは,$\dfrac{V}{\Lambda^3} \gg N$ のとき $\left(\dfrac{N\Lambda^3}{V} \ll 1\ \text{のとき} \right)$ である.すなわち,状態の数が粒子数より十分に多い場合である.そこで,$N\Lambda^3/V$ の値はどの程度であるかについて,ヘリウム He と電子について概算してみることにする.

【^{4}He(ボーズ粒子)の場合】

$$\Lambda = \frac{h}{\sqrt{2\pi k_\mathrm{B} m T}} = 7.11 \times 10^{-23} \left(\frac{1}{\sqrt{mT}} \right)$$

であり,^{4}He の質量 $m = 6.64 \times 10^{-27}\,\mathrm{kg}$ を入れると,$\Lambda = 8.72 \times 10^{-10}/\sqrt{T}\,\mathrm{m}$ である.

$T = 300\,\mathrm{K}$ のとき,$\Lambda = 0.05\,\mathrm{nm}$ である.一方,大気圧 $300\,\mathrm{K}$ において,$\dfrac{N}{V} = \dfrac{p}{k_\mathrm{B} T} = 2.4 \times 10^{25}/\mathrm{m}^3$ であるから,

$$\frac{N\Lambda^3}{V} = 3 \times 10^{-6} \ll 1$$

となって,$300\,\mathrm{K}$ は十分高温であると考えてよい.

これに対して,$T = 2\,\mathrm{K}$ のときは,$\Lambda = 0.035\,\mathrm{nm}$ であるが,大気圧下のこの温度においてヘリウムは液体であり,その原子間距離は $0.05\,\mathrm{nm}$ 程度となっている.したがって,$\dfrac{N\Lambda^3}{V} \sim 1$ となり,この温度は十分高温とはいえない.

^{4}He は $2.17\,\mathrm{K}$ で超流動転移を示す.この挙動は量子効果を考えることにより説明される(しかし,$2\,\mathrm{K}$ の He を 1 粒子近似することは,そもそも無理がある.液体 He における原子間相互作用は決して小さくない.したがって,量子統計を用いたところで,1 粒子近似をしている限り,粗い近似であると考えるべきであろう).

【電子の場合】

$m = 9.11 \times 10^{-31}$ kg であるから，$\Lambda = 7.45 \times 10^{-8}/\sqrt{T}$ m となる．$T = 300$ K とすると，$\Lambda = 4.3$ nm である．一方で金属中の自由電子の密度は，$N/V \sim 1000/\text{nm}^3$ 程度である．したがって，$\dfrac{N\Lambda^3}{V} \sim 8000 \gg 1$ であり，300 K は，金属中の電子から見れば，極めて低温ということになる．金属中の電子にとっての十分高温は，10^5 K 程度である．したがって，電子を取り扱う場合は，常に量子統計を用いる必要がある．

⑧ 回

カノニカルアンサンブルの例（格子振動等）

8.1 2準位モデル（常磁性体の簡単なモデル）

単位体積中に N 個の磁性原子から構成された固体があり，各磁性原子には同じ大きさの**磁気モーメント**が割り振られているとする．各磁気モーメントは磁場方向に対して平行（状態1）か反平行（状態2）の2種類の状態しかとれないと仮定する．以下ではカノニカルアンサンブルを用いて，このような固体の磁化の温度依存性と，磁気的な熱容量を求めることにする．

磁気モーメントの磁場方向の成分を m とすると，磁場下における状態1のエネルギーは $-mH$ であり，状態2のエネルギーは $+mH$ である．固体を構成する各原子は識別可能であると考えてよい．磁気モーメントの間の相互作用は弱いと仮定すると系の分配関数 Z_C は，1原子の磁気モーメントの分配関数 z_C を用いて，$Z_C = z_C^N$ と表すことができる．

1つの磁気モーメントの取り得る状態は2つしかないので，その1原子の分配関数 z_C は，

$$z_C = e^{\beta mH} + e^{-\beta mH} \tag{8-1}$$

と表すことができる．したがって，系全体の分配関数は，

$$Z_C = (e^{\beta mH} + e^{-\beta mH})^N \tag{8-2}$$

となる．この分配関数を用いるとエネルギーの平均値は次のように表せる．

$$E = -\frac{\partial \log Z_C}{\partial \beta} = -\frac{N(mHe^{\beta mH} - mHe^{-\beta mH})}{e^{\beta mH} + e^{-\beta mH}}$$
$$= -NmH \tanh(\beta mH) \tag{8-3}$$

磁化（単位体積あたりの磁気モーメント）の値を M とすると，$E = -MH$ であるから，

$$M = Nm \tanh (\beta mH)$$

と表される．

いま，$\beta mH \ll 1$ のとき，すなわち温度が高いときには $\tanh (\beta mH) \simeq \beta mH$ と近似できるので，

$$M \simeq Nm\beta mH = \frac{Nm^2 H}{k_B T}$$

となる．したがって，帯磁率は，

$$\chi = \frac{M}{H} = \frac{Nm^2}{k_B} \frac{1}{T} \tag{8-4}$$

のように表される．これは，帯磁率の逆数が温度に比例することを表しており，常磁性体に対するキュリーの法則である．この式を用いると，帯磁率の温度依存性を測定することにより，磁気モーメントの大きさ m を求めることができる．

次に，この 2 準位系の熱容量 C_V を求めると，

$$C_V = \left(\frac{\partial E}{\partial T}\right)_{N,V} = -\frac{1}{k_B T^2}\left(\frac{\partial E}{\partial \beta}\right)_{N,V} = \frac{NmH}{k_B T^2}\frac{\partial \tanh (\beta mH)}{\partial \beta}$$

$$= Nk_B \left(\frac{mH}{k_B T}\right)^2 \frac{1}{\left(\cosh \dfrac{mH}{k_B T}\right)^2} \tag{8-5}$$

となる．いま，$x = \dfrac{k_B T}{mH}$ とおくと，

$$\frac{C_V}{Nk_B} = \left(\frac{1}{x}\right)^2 \frac{1}{\left(\cosh \dfrac{1}{x}\right)^2}$$

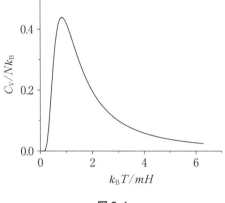

図 8-1

となる．その概略は，**図 8-1** のようになる．このような形をした熱容量は，**ショットキー型熱容量**と呼ばれている．

この系のヘルムホルツ自由エネルギーは，

$$F = -k_B T \log Z_C = -N k_B T \log \left(e^{\beta mH} + e^{-\beta mH} \right)$$

であり，エントロピーは次のように表される．

$$S = \frac{E-F}{T} = N k_B \left(\log \left(e^{\beta mH} + e^{-\beta mH} \right) - \beta mH \tanh \left(\beta mH \right) \right)$$

これを**図 8-2** に示す．

$\beta mH \ll 1$ のとき（高温）は，$e^{\beta mH} \simeq e^{-\beta mH} \simeq 1$，$\tanh \left(\beta mH \right) \simeq 0$ であるから，高温極限におけるエントロピーは $S = N k_B \log 2$ となるが，$\beta mH \gg 1$ のとき（低温）は，

$$\log \left(e^{\beta mH} + e^{-\beta mH} \right) \to \beta mH, \quad \beta mH \tanh \left(\beta mH \right) \to \beta mH$$

のように漸近するから，$\lim_{T \to 0} S = 0$ となる．

ところで，$S = N k_B (\log \left(e^{\beta mH} + e^{-\beta mH} \right) - \beta mH \tanh \left(\beta mH \right))$ において，$H = 0$ とすると，温度に関係なく，$S = N k_B \log 2$ となる．すなわち，絶対零

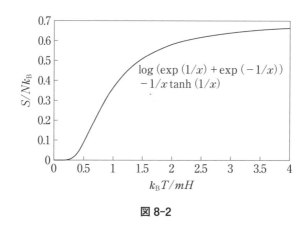

図 8-2

度でも室温と同じ大きさのエントロピーをもつことになる．いったい何が問題
であるのか．実は，モーメント間に相互作用がないとした近似に問題がある．
温度が極めて低い場合，弱い相互作用でもその効果を考える必要がある．この
場合，絶対零度 0 K において，磁気モーメントは，すべて一方向に揃うこと
になり，エントロピーは零となる．

【補足】　例として，5 つの磁気モーメントを考えることにする．↑↑ならびに↓↓の
相互作用エネルギーを $-J$ とし，↑↓ならびに↓↑の相互作用エネルギーを $+J$ と
する（$J>0$）．この場合，↑↑↑↑↑と配置した際のエネルギーは $-4J$ であり，
↑↓↑↑↓と配置した際のエネルギーは $+2J$ である．このように配置によりエネル
ギーが異なり，絶対零度の基底状態では最もエネルギーの低い状態の配置（↑↑↑↑
↑）をとることになる．そのため，エントロピーは零となる．

【復習】　上記の 2 準位モデルをミクロカノニカルアンサンブルを用いて
　　　　取り扱う

　状態 1 の磁場下におけるエネルギーは $-mH$ であり，状態 2 における磁場
下のエネルギーは $+mH$ である．状態 1 の磁気モーメントの数を N_1，状態 2
の磁気モーメントの数を N_2 とし，全磁気モーメントの数を N とすると，

$$N = N_1 + N_2 \tag{8-6}$$

となる．また，全エネルギーは式(8-7)のように表すことができる．

$$E = -mHN_1 + mHN_2 = mHN - 2mHN_1 \tag{8-7}$$

系の量子状態の数は，

$$\Omega(N_1) = \frac{N!}{N_1!\,(N - N_1)!}$$

となる．したがって，系のエントロピーは，

$$S = k_B \log \Omega(N_1) = -Nk_B\left(\frac{N_1}{N} \log \frac{N_1}{N} + \left(1 - \frac{N_1}{N}\right) \log \left(1 - \frac{N_1}{N}\right)\right)$$

となる．平衡状態における温度とエントロピーの関係より，

$$\frac{1}{T} = \left(\frac{\partial S}{\partial E}\right)_N = \left(\frac{\partial S}{\partial N_1}\right)_N \left(\frac{\partial N_1}{\partial E}\right)_N = \frac{k_B}{2mH} \log \left(\frac{N_1}{N_2}\right)$$

となる．これより，

$$\frac{N_1}{N_2} = \frac{\exp\left(-\dfrac{-mH}{k_B T}\right)}{\exp\left(-\dfrac{mH}{k_B T}\right)} \tag{8-8}$$

が得られる．全エネルギーは，式(8-6)，(8-7)，(8-8)より，式(8-3)が得られる．

8.2 格子振動と光子(電磁波)―プランク分布関数と状態密度―

空洞放射(光子)や格子振動(フォノン)は互いに相互作用しない調和振動子の集まりとして近似することができる(実際の物質では非調和項が重要になるこ

とがあるが，非調和項については，本書では取り扱わない)．以下では，カノニカルアンサンブルを用いて調和振動子を扱い，フォノンが関与する格子振動や光子が関与する空洞放射における熱力学的諸量を求めていく．格子振動に関しては，すでに，ミクロカノニカルアンサンブルの例として 4.2 節に示してしているので比較してみよう．

調和振動子(1つの振動モード)のエネルギー固有値は，次のように表すことができる(導出は量子力学の教科書を参照．例えば，文献[9, 10, 11])．

$$\epsilon_n = \left(\frac{1}{2} + n\right)\hbar\omega, \quad (n = 0, 1, 2, \ldots) \tag{8-9}$$

この 1 粒子の分配関数は，

$$z_{\mathrm{C}} = \sum_{n=0}^{\infty} e^{-\beta\epsilon_n} = \sum_{n=0}^{\infty} e^{-\frac{1}{2}\beta\hbar\omega}(e^{-\beta\hbar\omega})^n = e^{-\frac{1}{2}\beta\hbar\omega}(1 + a + a^2 + a^3 + \cdots) \tag{8-10}$$

と表される．ここで，$a = e^{-\beta\hbar\omega}(<1)$ である．この等比級数は次のように簡単に計算することができる．

$$z_{\mathrm{C}} = e^{-\frac{1}{2}\beta\hbar\omega}\frac{1}{1-a} = e^{-\frac{1}{2}\beta\hbar\omega}\frac{1}{1 - e^{-\beta\hbar\omega}} \tag{8-11}$$

$$\left(= \frac{1}{e^{\frac{1}{2}\beta\hbar\omega} - e^{-\frac{1}{2}\beta\hbar\omega}} = \frac{1}{2}\left(\sinh\frac{1}{2}\beta\hbar\omega\right)^{-1}\right)$$

これより 1 粒子の分配関数は，

$$\log z_{\mathrm{C}} = -\frac{1}{2}\beta\hbar\omega - \log(1 - e^{-\beta\hbar\omega})$$

となる．したがって，エネルギーの平均値は，

$$\epsilon = -\frac{\partial \log z_{\mathrm{C}}}{\partial\beta} = \left(\frac{1}{2} + \frac{1}{e^{\beta\hbar\omega} - 1}\right)\hbar\omega \tag{8-12}$$

となる. この式を, エネルギー固有値の式 $\epsilon_n = \left(\dfrac{1}{2} + n\right)\hbar\omega$ と比較すると,

$$n = \frac{1}{e^{\beta\hbar\omega} - 1} \tag{8-13}$$

であることがわかる. これは, ミクロカノニカルアンサンブルから得られた結果, 式(4-6)と同じであり, この n を**プランク分布関数**(Planck distribution function)と呼ぶ. いま, 考えている系の振動モードを $1, 2, 3, \ldots$ とし, その角振動数を $\omega_1, \omega_2, \omega_3, \ldots$ とする. 各振動モードは独立であると仮定すると, 系の分配関数 Z_C は,

$$\log Z_C = \log z_1 z_2 z_3 \cdots = \sum_{i=1}^{\infty} \left(-\frac{1}{2}\beta\hbar\omega_i - \log\left(1 - e^{-\beta\hbar\omega_i}\right) \right)$$

となる. この足し算が積分に置き換えることができる場合には, 状態密度 $D(\omega)$ を導入することがある. 格子振動を記述するには有限の数の ω で十分であり, その値は系の自由度(f)に等しい. したがって, $D(\omega)$ は次の式を満たす.

$$\int_0^{\infty} D(\omega)\, d\omega = f \tag{8-14}$$

この $D(\omega)$ を用いると,

$$\log Z_C = -\int_0^{\infty} \frac{1}{2}\beta\hbar\omega D(\omega)\, d\omega - \int_0^{\infty} D(\omega) \log\left(1 - e^{-\beta\hbar\omega}\right) d\omega$$

のように表すことができる. したがって, 系の平均のエネルギーは次のようになる.

$$E = -\frac{\partial \log Z_C}{\partial \beta} = \frac{1}{2}\hbar\int_0^{\infty} \omega D(\omega)\, d\omega + \int_0^{\infty} \frac{\hbar\omega}{e^{\beta\hbar\omega} - 1} D(\omega)\, d\omega \tag{8-15}$$

状態密度 $D(\omega)$ は, 現実の系では一般に複雑であるが, いくつかの簡単なモ

デルがある．以下では簡単な2つのモデルについて調べる.

8.2.1　アインシュタインモデル（簡単な固体のモデル）

N 個の原子から構成された固体を考える．この固体は $3N$ 個の振動モードを
もっている（1原子あたり3個の振動の自由度をもっている．したがって，
$f = 3N$ となる）．いま，すべての振動モードは同一の角振動数 ω_{E} であると仮
定する．この場合，状態密度はデルタ関数を用いて,

$$D(\omega) = 3N\,\delta(\omega - \omega_{\mathrm{E}}) \tag{8-16}$$

のように表される．これは極めて粗い近似であるが，熱容量の温度依存性を定
性的によく説明できるモデルである．エネルギーの平均値は1つの調和振動子
の平均のエネルギーの $3N$ 倍として式(8-15)から次式のように直ちに求まる.

$$E = 3N\left(\frac{1}{2} + \frac{1}{e^{\beta\hbar\omega_{\mathrm{E}}}-1}\right)\hbar\omega_{\mathrm{E}}$$

ヘルムホルツの自由エネルギー，エントロピーは，アインシュタイン温度
$\theta = \dfrac{\hbar\omega_{\mathrm{E}}}{k_{\mathrm{B}}}$ とおくと，次式のようになる.

$$F = -k_{\mathrm{B}}T \log Z_{\mathrm{C}} = -3Nk_{\mathrm{B}}T \log \frac{e^{-\frac{\theta}{2T}}}{1-e^{-\frac{\theta}{T}}}$$

$$S = \frac{E-F}{T} = 3Nk_{\mathrm{B}}\left(\frac{\frac{\theta}{T}}{e^{\frac{\theta}{T}}-1} - \log\left(1-e^{-\frac{\theta}{T}}\right)\right)$$

となる．このエントロピーは，$T \to 0$ のとき $S \to 0$ となっており，**熱力学第
三法則**を満足している．この様子はすでにミクロカノニカルアンサンブルのと
ころで述べている（4.2節を再度確認のこと）.

8.3 デバイモデル

　固体の熱容量に関するアインシュタインモデルでは，すべての振動モードが同じ固有振動数で振動していると考えた．このモデルは，低温における固体の熱容量を定量的に説明することができない．以下に示す**デバイモデル**では，振動数に分布を与える．その際に，振動数の分布は連続体における分布により近似する．このデバイモデルは，低温における固体の熱容量をかなりよく定量的に説明できる．

　連続体を伝播する波の方程式は，波の伝搬速度 v を用いて

$$\left(\frac{\partial^2}{\partial x^2} + \frac{\partial^2}{\partial y^2} + \frac{\partial^2}{\partial z^2}\right)u = \frac{1}{v^2}\frac{\partial^2 u}{\partial t^2}$$

と表すことができる．いま，$u = u_0 e^{i(k_x x + k_y y + k_z z - \omega t)}$ の形の解を考えて，波動方程式に代入すると，ω について次の関係式が得られる．

$$-(k_x^2 + k_y^2 + k_z^2) = -\frac{1}{v^2}\omega^2$$

周期境界条件を満足すると考えるならば，

$$k_x = \frac{2\pi}{L}n_x, \quad k_y = \frac{2\pi}{L}n_y, \quad k_z = \frac{2\pi}{L}n_z, \quad (n_x, n_y, n_z = 0, \pm1, \pm2, ...)$$

となる．これらを，上の関係式に代入すると，

$$n_x^2 + n_y^2 + n_z^2 = \left(\frac{\omega L}{2\pi v}\right)^2 = R^2$$

となる．ω が $0 \sim \omega$ の範囲にある状態の数は，

$$\phi(\omega) = \frac{4}{3}\pi R^3 = \frac{4\pi}{3}\left(\frac{\omega L}{2\pi v}\right)^3 = \frac{1}{2}\frac{\omega^3 V}{3\pi^2 v^3}$$

したがって，状態密度は，

$$D(\omega) = \frac{d\phi}{d\omega} = \frac{V\omega^2}{2v^3\pi^2}$$

と書くことができる．連続体をある方向に伝える波には，**縦波**(longitudinal)成分1つと，**横波**(transverse)成分が2つある．これらは，独立な振動モードである．それぞれの伝播速度を v_L，v_T とすると縦波ならびに横波の状態密度は次のようになる．

$$D_L(\omega) = \frac{V\omega^2}{2v_L^3\pi^2}, \quad D_T(\omega) = \frac{V\omega^2}{v_T^3\pi^2} \tag{8-17}$$

したがって，縦波と横波を合わせた状態密度は，式(8-18)のように表される．

$$D(\omega) = D_L(\omega) + D_T(\omega) = \frac{V\omega^2}{\pi^2}\left(\frac{1}{v_T^3} + \frac{1}{2v_L^3}\right) = \frac{3V\omega^2}{2\pi^2v^3} \tag{8-18}$$

ここで，v は式(8-19)で定義される縦波と横波の平均速度である．

$$\frac{1}{v^3} = \frac{1}{3}\left(\frac{1}{v_L^3} + \frac{2}{v_T^3}\right) \tag{8-19}$$

粒子数を N とすると，格子振動において取り得る振動モードの総数は $3N$ 自由度 $(f=3N)$ であるから，

$$\int_0^\infty D(\omega)\,d\omega = 3N \tag{8-20}$$

でなければならない．しかしながら，

$$D(\omega) = \frac{3V\omega^2}{2\pi^2v^3}$$

の形の状態密度を式(8-20)に代入すると，左辺の積分は発散する．そこで，

$$D(\omega) = \frac{3V\omega^2}{2\pi^2 v^3} \text{ for } \omega \leq \omega_D ; \quad D(\omega) = 0 \text{ for } \omega > \omega_D$$

とする. すなわち, ω_D より大きい角振動数の状態はとらないと考える. ここで, ω_D は,

$$\int_0^{\omega_D} \frac{3}{2} \frac{V}{v^3 \pi^2} \omega^2 \, d\omega = 3N \tag{8-21}$$

となるように決める. このようにして決めた ω_D は v を用いて次のように表せる.

$$\omega_D = \left(\frac{6\pi^2 N}{V} \right)^{\frac{1}{3}} v \tag{8-22}$$

零点エネルギーを基準にとると, エネルギーの平均値はプランク分布関数を用いて次のように表せる.

$$E = \int_0^{\omega_D} \frac{\hbar\omega}{e^{\beta\hbar\omega} - 1} \frac{3V\omega^2}{2\pi^2 v^3} \, d\omega$$

いま, $\beta\hbar\omega = x$ とおくと,

$$E = \frac{3V(k_B T)^4}{2\pi^2 v^3 \hbar^3} \int_0^{x_D} \frac{x^3}{e^x - 1} \, dx$$

$$= 9Nk_B T \left(\frac{T}{\theta_D} \right)^3 \int_0^{x_D} \frac{x^3}{e^x - 1} \, dx \tag{8-23}$$

となる. ただし, $x_D = \beta\hbar\omega_D = \dfrac{\hbar\omega_D}{k_B T} = \dfrac{\theta_D}{T}$ であり, $\theta_D = \dfrac{\hbar\omega_D}{k_B}$ は**デバイ温度**と呼ばれる.

　以上のように内部エネルギーが求まったので, 高温と低温でのエネルギーを求め, 高温と低温での熱容量を求める.

　いま, $T/\theta_D \ll 1$ とする. このようにデバイ温度より十分低い温度では,

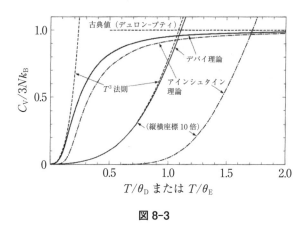

図 8-3

$x_D \gg 1$ であるので，$x_D \to \infty$ とできる．このとき，$\displaystyle\int_0^\infty \frac{x^3}{e^x-1}\,dx = \frac{\pi^4}{15}$ である

から，

$$E = 9Nk_B T \left(\frac{T}{\theta_D}\right)^3 \left(\frac{\pi^4}{15}\right) = \frac{3}{5}\pi^4 Nk_B \frac{T^4}{\theta_D^3}$$

となり，このとき C_V は，

$$C_V = \left(\frac{\partial E}{\partial T}\right)_{N,V} = \frac{12}{5}\pi^4 Nk_B \left(\frac{T}{\theta_D}\right)^3 \tag{8-24}$$

となり，熱容量は，T^3 に比例することになる（**図 8-3**）．この熱容量は格子比熱係数 β を用いて，次のように表されることが多い．

$$C_V = \beta T^3, \quad \beta = \frac{12}{5}\frac{\pi^4 Nk_B}{\theta_D^3}$$

一方，$\dfrac{T}{\theta_D} \gg 1$ とすると，すなわち，高温では，$x_D \ll 1$ であるので，$x \ll 1$ のと

き，$e^x \simeq 1 + x + \dfrac{1}{2}x^2$ と近似すると，

$$\int_0^{x_D} \frac{x^3}{e^x - 1}\,dx \simeq \int_0^{x_D} \frac{x^3}{x + \frac{1}{2}x^2}\,dx \simeq \int_0^{x_D} x^2\,dx = \frac{1}{3}x_D^3 = \frac{1}{3}\left(\frac{\theta_D}{T}\right)^3$$

となる. このとき,

$$E = 9Nk_B T\left(\frac{T}{\theta_D}\right)^3 \times \frac{1}{3}\left(\frac{\theta_D}{T}\right)^3 = 3Nk_B T$$

となり, したがって, 熱容量は $C_V = 3Nk_B$(**デュロン-プティの法則**(Dulong-Petit's law))が得られる.

以下に式(8-22)を用いて, 鉄のデバイ温度を具体的に求める. そのためには, v と $\frac{N}{V}$ を求める必要がある. 鉄中の波の進行速度は, $v_L = 5950\,\text{m s}^{-1}$, $v_T = 3240\,\text{m s}^{-1}$ である. これから, v の値を求めると,

$$\frac{1}{v^3} = \frac{1}{3}\left(\frac{1}{v_L^3} + \frac{2}{v_T^3}\right) = 2.118 \times 10^{-11}(\text{s}^3\,\text{m}^{-3})$$

より, $v = 3614\,\text{m s}^{-1}$ となる. また, $\frac{N}{V}$ は以下の式を用いて求める.

$$\frac{N}{V} = \frac{N_A}{M_A/\rho}$$

鉄の場合, $N_A = 6.022 \times 10^{23}$, $M_A = 55.84 \times 10^{-3}\,\text{kg mol}^{-1}$, $\rho = 7.874 \times 10^3$ kg m^{-3} であるから, $\frac{N}{V} = 8.491 \times 10^{28}/\text{m}^3$ となる. したがって, 式(8-22)より,

$\theta_D = \frac{\hbar\omega_D}{k_B} = \frac{\hbar}{k_B}\left(\frac{6\pi^2 N}{V}\right)^{\frac{1}{3}}v = \frac{\hbar}{k_B}(6\pi^2)^{\frac{1}{3}}\left(\frac{N}{V}\right)^{\frac{1}{3}}v$ なので, $\theta_D = 473\,\text{K}$ となる. 参考までに, 低温比熱測定から求められた鉄のデバイ温度は435 K である. ここで, $k_B = 1.380 \times 10^{-23}\,\text{J K}^{-1}$, $h = 6.626 \times 10^{-34}\,\text{J s}$ で $\hbar = h/2\pi$ を用いた.

8.4　空洞放射

　物質を高温にすると，その温度に依存した光を発する．例えば，1000 K 付近の鉄は赤く光っている．このように光っているのは高温の鉄から光が放射されているためである．物質が発する光の波長分布は温度に依存する．ここではある温度で平衡状態にある空洞から放出される光の波長分布を導出する．

　光は電磁波であり，その電場の波動方程式は，

$$\nabla^2 \overrightarrow{E} = \epsilon\mu \frac{\partial^2 \overrightarrow{E}}{\partial t^2} \quad \left(\epsilon\mu = \frac{1}{c^2}\right)$$

と表される．z 成分について書き下すと，次式のようになる．

$$\left(\frac{\partial^2}{\partial x^2} + \frac{\partial^2}{\partial y^2} + \frac{\partial^2}{\partial z^2}\right) E_z = \frac{1}{c^2} \frac{\partial^2 E_z}{\partial t^2}$$

いま，$E_z = E_{z0}\, e^{i(k_x x + k_y y + k_z z - \omega t)}$ の形の解を考えて，波動方程式に代入すると，ω について次の関係式が得られる．

$$-(k_x^2 + k_y^2 + k_z^2) = -\frac{1}{c^2}\omega^2$$

電磁波は，一辺が L の箱の中に閉じ込められており，周期境界条件を満足すると考えるならば，

$$k_x = \frac{2\pi}{L} n_x, \quad k_y = \frac{2\pi}{L} n_y, \quad k_z = \frac{2\pi}{L} n_z, \quad (n_x, n_y, n_z = 0, \pm 1, \pm 2, \ldots)$$

となる．これらを，上の関係式に代入すると，

$$n_x^2 + n_y^2 + n_z^2 = \left(\frac{\omega L}{2\pi c}\right)^2 = R^2$$

となる．ω が $0 \sim \omega$ の範囲にある状態の数は，

$$\phi(\omega) = \frac{4}{3}\pi R^3 = \frac{4\pi}{3}\left(\frac{\omega L}{2\pi c}\right)^3 = \frac{1}{2}\frac{\omega^3 V}{3\pi^2 c^3}$$

となる．したがって，状態密度は，1 偏光あたり式(8-25)のように表される．

$$D_1(\omega) = \frac{d\psi}{d\omega} = \frac{V\omega^2}{2c^3\pi^2} \tag{8-25}$$

電磁波には偏りが2つあるため，状態密度は，

$$D(\omega) = 2D_1(\omega) = \frac{V\omega^2}{c^3\pi^2} \tag{8-26}$$

となる．いま，零点エネルギーを基準にとると，エネルギーの平均値は，

$$E = \int_0^\infty \frac{\hbar\omega}{e^{\beta\hbar\omega}-1}D(\omega)\,d\omega = \int_0^\infty \frac{\hbar\omega}{e^{\beta\hbar\omega}-1}\frac{V\omega^2}{c^3\pi^2}\,d\omega$$

$$= \frac{V\hbar}{c^3\pi^2}\int_0^\infty \frac{\omega^3}{e^{\beta\hbar\omega}-1}\,d\omega$$

と表せる．ここで $\beta\hbar\omega = x$ とおくと，

$$E = \frac{V\hbar}{c^3\pi^2}\left(\frac{1}{\beta\hbar}\right)^4\int_0^\infty \frac{x^3}{e^x-1}\,dx$$

となる(**図8-4**)．ここで，$\displaystyle\int_0^\infty \frac{x^3}{e^x-1}\,dx = \frac{\pi^4}{15}$ であるから，

$$\frac{E}{V} = \frac{\pi^2 k_{\mathrm{B}}^4}{15c^3\hbar^3}T^4 \tag{8-27}$$

が得られる．この関係は，**シュテファン-ボルツマンの放射法則**(Stefan-Boltzmann law of radiation)と呼ばれている．

　ところで，スペクトル密度と呼ばれる物理量 $u(\omega)$(単位体積・単位振動数領域あたりのエネルギーのこと)を用いると，単位体積あたりのエネルギーの

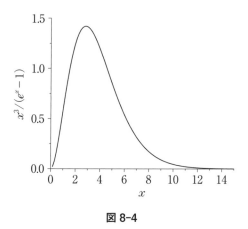

図 8-4

平均値は,

$$\frac{E}{V} = \int_0^\infty u(\omega)\, d\omega$$

と表される．これを，$E = \dfrac{V\hbar}{c^3\pi^2}\displaystyle\int_0^\infty \dfrac{\omega^3}{e^{\beta\hbar\omega}-1}\, d\omega$ と対比させると，

$$u(\omega) = \frac{\hbar}{\pi^2 c^3}\, \frac{\omega^3}{e^{\beta\hbar\omega}-1} \tag{8-28}$$

となっていることがわかる．スペクトル密度に関する式(8-28)の関係を，**プランクの放射法則**(Planck's radiation law)という．

⑨回

グランドカノニカルアンサンブル

9.1 大分配関数

　カノニカルアンサンブル(統計的集団)の構成する系は，接触する熱浴との間で，エネルギーはやりとりするが粒子のやりとりはできなかった．ここで議論するグランドカノニカルアンサンブルを構成する系は，熱浴との間でエネルギーだけでなく粒子ともやりとりできると考える．そのため，グランドカノニカルアンサンブルの巨視的状態は，温度のほかに，化学ポテンシャル μ により特徴づけられる．すなわち，その巨視的状態は (μ, V, T) によって特徴づけられる．熱浴と接したグランドカノニカルを構成する系の微視的状態(量子力学で指定される状態)の出現確率は，その系のエネルギーと粒子数に依存して異なるであろう．問題は，この微視的状態の出現確率を求めることにある．ミクロカノニカルアンサンブルでは，構成する系の微視的状態のエネルギーが等しいと考えたので，その出現確率は等しいと仮定できた(2回：仮定2)．グランドカノニカルアンサンブルでもこの仮定をうまく利用して，出現確率を求めることにする．具体的には，熱浴と系とを合わせた孤立系を考えることにする．熱浴と系からなる合成系は，エネルギーが一定ならびに粒子数が一定の系と見なすことができ，この合成系ではミクロカノニカルアンサンブルで用いた仮定2が適用できる．以下，2つの代表的な取り扱いにより，系の微視的状態の出現確率を求める．その際に現れる，分配関数についても説明する．

【その1：エントロピーと多重度関数の関係を使う】

　いま，対象とする系を Sys(system の略)と呼び，熱浴を R(reserve の略)と呼ぶことにする．Sys と R からなる合成系は周囲から孤立しており，合成系のエネルギーならびに粒子数は，それぞれ一定値 E_t ならびに N_t であるとす

る（t は total の略）．系のエネルギーと粒子数を，E ならびに N とすると，熱浴のエネルギーと粒子数は，$E_t - E$ ならびに $N_t - N$ となる．体積は考える系と熱浴で変化しないので省略する．系のエネルギーが E で，粒子数が N であるときの微視的状態の数（縮退の数）を $\Omega_{\text{Sys}}(E, N)$ とする．このとき，熱浴の微視的状態の数は，$\Omega_R(E_t - E, N_t - N)$ となる．また，合成系の微視的状態の数を $\Omega_t(E_t, N_t)$ とする．以上の量を定義すると，合成系の微視的状態の数は式（9-1）のようになる．

$$\Omega_t(E_t, N_t) = \sum_N \sum_E \Omega_{\text{Sys}}(E, N) \cdot \Omega_R(E_t - E, N_t - N) \tag{9-1}$$

系がエネルギー E で，粒子が N である微視的状態をとる確率を $P(E, N)$ とすると，

$$P(E, N) = \frac{\Omega_{\text{Sys}}(E, N) \cdot \Omega_R(E_t - E, N_t - N)}{\Omega_t(E_t, N_t)} \tag{9-2}$$

となる．ここで $E_t \gg E$, $N_t \gg N$ であることを考慮すると $\Omega_R(E_t - E, N_t - N)$ は，E と N に関してテイラー展開できる．この計算は，$\Omega_R(E_t - E, N_t - N)$ の対数をとって行うと便利である．なぜなら Ω は，エントロピー S と $S = k_B \log \Omega$ の関係があるからである（もちろん $\Omega = \exp\left(\dfrac{S}{k_B}\right)$ として計算してもよい）．$\log \Omega_R$ のテイラー展開は，

$$\log \Omega_R(E_t - E, N_t - N)$$
$$= \log \Omega_R(E_t, N_t) - \left(\frac{\partial \log \Omega_R}{\partial E}\right)_{E=0} E - \left(\frac{\partial \log \Omega_R}{\partial N}\right)_{N=0} N$$
$$= \log \Omega_R(E_t, N_t) - \frac{E}{k_B T} + \frac{\mu N}{k_B T}$$

となる（$\left(\dfrac{\partial \log \Omega}{\partial N}\right) = -\dfrac{\mu}{k_B T}$ となることを下記の「補足」に示した．また

$$\left(\frac{\partial \log \Omega}{\partial N}\right) = \frac{1}{k_\mathrm{B}}\left(\frac{\partial k_\mathrm{B} \log \Omega}{\partial N}\right) = \frac{1}{k_\mathrm{B}}\left(\frac{\partial S}{\partial N}\right)_{E,V} \quad \text{となる}).$$

したがって,

$$\Omega_\mathrm{R}(E_\mathrm{t} - E, N_\mathrm{t} - N) = \Omega_\mathrm{R}(E_\mathrm{t}, N_\mathrm{t}) \exp\left(-\frac{E}{k_\mathrm{B}T} + \frac{\mu N}{k_\mathrm{B}T}\right) \tag{9-3}$$

を得る.

式(9-3)を式(9-2)に代入すると,

$$P(E, N) = \frac{\Omega_\mathrm{Sys}(E, N) \cdot \Omega_\mathrm{R}(E_\mathrm{t}, N_\mathrm{t}) \exp\left(-\dfrac{E}{k_\mathrm{B}T} + \dfrac{\mu N}{k_\mathrm{B}T}\right)}{\Omega_\mathrm{t}(E_\mathrm{t}, N_\mathrm{t})}$$

となる. ここで, $\Omega_\mathrm{R}(E_\mathrm{t}, N_\mathrm{t})$ と $\Omega_\mathrm{t}(E_\mathrm{t}, N_\mathrm{t})$ は定数である. また $\Omega_\mathrm{Sys}(E, N)$ は, 系のエネルギー E, 粒子数 N の縮退の数である. これらを考慮すると, 系の粒子数が N で, かつそのときの i 状態のエネルギー $E_{i,N}$ をとる確率 $P_{i,N}$ は, $\exp\left(-\dfrac{E_{i,N}}{k_\mathrm{B}T} + \dfrac{\mu N}{k_\mathrm{B}T}\right)$ に比例することになる. すなわち,

$$P_{i,N} = C \exp\left(-\frac{E_{i,N}}{k_\mathrm{B}T} + \frac{\mu N}{k_\mathrm{B}T}\right)$$

となる. C は規格化の条件で決まる. すなわち,

$$\sum_{N=0}^{\infty} \sum_{i=1}^{\infty} P_{i,N} = C \sum_N \sum_i \exp\left(-\frac{E_{i,N}}{k_\mathrm{B}T} + \frac{\mu N}{k_\mathrm{B}T}\right) = 1$$

から,

$$C = \frac{1}{\displaystyle\sum_N \sum_i \exp\left(-\frac{E_{i,N}}{k_\mathrm{B}T} + \frac{\mu N}{k_\mathrm{B}T}\right)}$$

となる．ここで，分母の $\sum_N \sum_i \exp\left(-\dfrac{E_{i,N}}{k_{\mathrm{B}}T} + \dfrac{\mu N}{k_{\mathrm{B}}T}\right)$ を分配関数といい，ここでは Z_{G}（G は Ground Canonical Ensemble の G である）と表す．したがって，

$$Z_{\mathrm{G}}(\mu, V, T) = \sum_N \sum_i \exp\left(-\frac{E_{i,N}}{k_{\mathrm{B}}T} + \frac{\mu N}{k_{\mathrm{B}}T}\right)$$
$$= \sum_{N,i} e^{-\beta(E_{i,N} - N\mu)} \tag{9-4}$$

となる．分配関数を用いると，系がある微視的状態 (i, N) をとる確率は，そのエネルギー $E_{i,N}$ と μN を用いて式(9-5)のように表すことができる．

$$P_{i,N} = \frac{\exp\left(-\dfrac{E_{i,N}}{k_{\mathrm{B}}T} + \dfrac{\mu N}{k_{\mathrm{B}}T}\right)}{Z_{\mathrm{G}}} = \frac{e^{-\beta(E_{i,N} - N\mu)}}{Z_{\mathrm{G}}} \tag{9-5}$$

この結果は非常に重要である．覚えておこう．

【補足】　熱力学第一法則より，1種類の粒子から構成された系においては，次の関係式が成り立つ．

$$dE = TdS - pdV + \mu dN$$

これより，

$$dS = \frac{1}{T}dE + \frac{p}{T}dV - \frac{\mu}{T}dN$$

よって，

$$\frac{1}{T} = \left(\frac{\partial S}{\partial E}\right)_{N,V}, \quad \frac{\mu}{T} = -\left(\frac{\partial S}{\partial N}\right)_{E,V}$$

【その2：スーパーシステムを使う】

　系が熱浴と接しエネルギーの移動と粒子の移動が可能となる場合において，系がある微視的状態(i, N)をとる確率を次の方法により求めることもできる．いま，体積は変化しないが，エネルギーと粒子のやりとりができる系(これを**システム**と呼ぶ)A個から構成される大きな系(この系を**スーパーシステム**と呼ぶ)を考える．スーパーシステム自体は孤立系であり平衡状態にあるとする．1つのシステムを考えたとき，他の$(A-1)$個のシステムは，熱浴と考えることができる．したがって，Aの数は極めて大きな数を考えており，**図9-1**はその様子を示している．

　このスーパーシステムにおいて，微視的状態が(i, N)で，そのエネルギーが$E_{i,N}$であるシステムの数を$n_{i,N}$とすると，

$$\sum_{N=0}^{\infty}\sum_{i=1}^{\infty}n_{i,N}=A, \quad \sum_{N=0}^{\infty}\sum_{i=1}^{\infty}n_{i,N}E_{i,N}=E_{\mathrm{t}}, \quad \sum_{N=0}^{\infty}\sum_{i=1}^{\infty}n_{i,N}N=N_{\mathrm{t}} \quad (9\text{-}6)$$

となる．問題は，$n_{i,N}$をいかに求めるかということである．それは，スーパーシステムにおいて，上の条件を満たす$n_{i,N}$の組を与えると決まるシステムの場合の数(これを$\Omega(\{n_{i,N}\})$とする)が，式(9-6)の条件下で最大をとらな

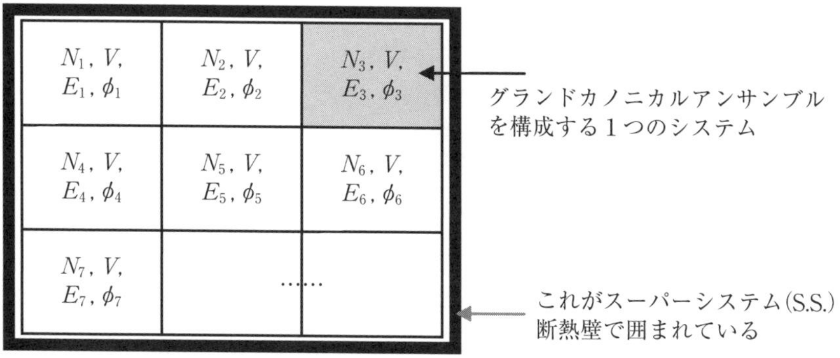

図9-1　スーパーシステム(S.S.)の概念図(A個の系から構成されている．全エネルギーはE_{t}であり，全粒子数はN_{t}である)

ければならないという物理的要請で求められる．このようにして求められた $\Omega(\{n_{i,N}\})$ を最大にする $\{n_{i,N}\}$ を $\{n_{i,N}^*\}$ とする．この $n_{i,N}^*$ を用いると，状態 (i,N) が現れる確率 $P_{i,N}$ は，

$$P_{i,N} = \frac{n_{i,N}^*}{A}$$

となる．

以下に計算を進める．まず，$\Omega(\{n_{i,N}\})$ は次式で与えられる．

$$\Omega(\{n_{i,N}\}) = \frac{A!}{\prod_{i,N} n_{i,N}!}$$

この対数をとると，

$$\log \Omega(\{n_{i,N}\}) = \log \frac{A!}{\prod_{i,N} n_{i,N}!} = \log A! - \sum_{i,N} \log n_{i,N}!$$

となる．ここで，大きな数に対して成り立つ**スターリングの近似式** $(\log x! \simeq x \log x - x)$ を用いると，

$$\log \Omega(\{n_{i,N}\}) \simeq \left(\sum_{N=0}^{\infty} \sum_{i=1}^{\infty} n_{i,N} \right) \log \left(\sum_{N=0}^{\infty} \sum_{i=1}^{\infty} n_{i,N} \right) - \sum_{N=0}^{\infty} \sum_{i=1}^{\infty} n_{i,N} \log n_{i,N}$$

と表せる．ここで，式(9-6)に示した拘束条件が3つあった．これらの拘束条件下で，$\log \Omega(\{n_{i,N}\})$ が極大となる方法として，**ラグランジュの未定係数法** を用いる．ラグランジュの未定係数法では，次のような関数 $f(\{n_{i,N}\})$ を導入する．

$$f(\{n_{i,N}\}) = \log \Omega(\{n_{i,N}\}) - \alpha \sum_{i,N} n_{i,N} - \beta \sum_{i,N} n_{i,N} E_{i,N} - \gamma \sum_{i,N} n_{i,N} N$$

この式の3つの未定係数 α, β, γ を後に決める．この関数において，

$\dfrac{\partial f(\{n_{i,N}\})}{\partial n_{i,N}}=0$ を満たす $n_{i,N}$ が，$\log\Omega(\{n_{i,N}\})$ の極大を与える．そこで，

$\dfrac{\partial f(\{n_{i,N}\})}{\partial n_{i,N}}$ の計算をすると，

$$\frac{\partial f(\{n_{i,N}\})}{\partial n_{i,N}}=\frac{\partial}{\partial n_{i,N}}\left\{\log A!-\sum_{N=0}^{\infty}\sum_{i=1}^{\infty}(n_{i,N}\log n_{i,N}-n_{i,N})\right.$$

$$\left.-\alpha\sum_{N=0}^{\infty}\sum_{i=1}^{\infty}n_{i,N}-\beta\sum_{N=0}^{\infty}\sum_{i=1}^{\infty}n_{i,N}E_{i,N}-\gamma\sum_{N=0}^{\infty}\sum_{i=1}^{\infty}n_{i,N}N\right\}$$

$$=\log A-\log n_{i,N}-\alpha-\beta E_{i,N}-\gamma N=0$$

となり，$\dfrac{\partial f(\{n_{i,N}\})}{\partial n_{i,N}}=0$ を満たす $n_{i,N}$ を $n_{i,N}^{*}$ とすると，

$$n_{i,N}^{*}=Ae^{-\alpha}e^{-\beta E_{i,N}}e^{-\gamma N}$$

となる．ここで $\sum_{N=0}^{\infty}\sum_{i=1}^{\infty}n_{i,N}^{*}=A$ であるから，

$$e^{\alpha}=\sum_{i,N}e^{-\beta E_{i,N}}e^{-\gamma N}\equiv Z_{\mathrm{G}}$$

となる．この Z_{G} は，**大分配関数**である．これを用いると，

$$P_{i,N}=\frac{n_{i,N}^{*}}{A}=\frac{e^{-\beta E_{i,N}}e^{-\gamma N}}{Z_{\mathrm{G}}}$$

と表すことができる．ここに現れる，β の意味はカノニカルアンサンブルの β と同じである．すなわち，$\beta=\dfrac{1}{k_{\mathrm{B}}T}$ である．以下では γ の意味について考えることにする．そのために，エネルギーの平均を計算し，それを熱力学で学んだエネルギーと比較する．

　$E=\sum_{N=0}^{\infty}\sum_{i=1}^{\infty}E_{i,N}P_{i,N}$ であるから，

$$dE = \sum_{i,N} E_{i,N} \, dP_{i,N} + \sum_{i,N} P_{i,N} \, dE_{i,N}$$

となる．この第2項は仕事 $(-pdV)$ に対応する（5.3節で議論している）．

いま第1項を γ を使って表すことにする．$P_{i,N} = \dfrac{n^*_{i,N}}{A} = \dfrac{e^{-\beta E_{i,N}} e^{-\gamma N}}{Z_{\mathrm{G}}}$ より，

$$\log P_{i,N} = -\beta E_{i,N} - \gamma N - \log Z_{\mathrm{G}}$$

である．これを，$E_{i,N}$ について解くと，

$$E_{i,N} = -\frac{1}{\beta}(\log P_{i,N} + \gamma N + \log Z_{\mathrm{G}})$$

となる．これを2つ前の式に代入して，

$$dE = -\frac{1}{\beta}\sum_{i,N} \log P_{i,N} \, dP_{i,N} - \frac{\gamma}{\beta}\sum_{i,N} N \, dP_{i,N} - \frac{\log Z_{\mathrm{G}}}{\beta}\sum_{i,N} dP_{i,N} - pdV$$

となる．ここで，$\sum_{i,N} N \, dP_{i,N} = d\bar{N}$，$\sum_{i,N} dP_{i,N} = 0$ であるから，

$$dE = -\frac{1}{\beta}\sum_{i,N} \log P_{i,N} \, dP_{i,N} - \frac{\gamma}{\beta} d\bar{N} - pdV$$

となる．上式の $\bar{N}$ はマクロな物理量なので，一般的には N と表示する．ここで，熱力学においてよく知られた次式，

$$dE = TdS + \mu dN - pdV$$

と比較すると，$\mu \leftrightarrow -\gamma/\beta$ のように対応することがわかる．すなわち，$\gamma = -\mu\beta$ のように未定係数 γ は化学ポテンシャル μ と結びついている．以上より，大分配関数は，化学ポテンシャルとエネルギーを用いて，次式のように表される．

$$Z_{\mathrm{G}} = \sum_{i,N} e^{-\beta E_{i,N}} e^{\beta N\mu} = \sum_{i,N} e^{-\beta(E_{i,N} - N\mu)}$$

これは，多重度関数から求めた大分配関数である式(9-4)と同じ形をしている．また，分配関数を用いると，系がある微視的状態(i, N)をとる確率は，そのエネルギー$E_{i,N}$とμNを用いて式(9-7)のように表すことができる．

$$P_{i,N} = \frac{e^{-\beta(E_{i,N}-N\mu)}}{Z_G} \tag{9-7}$$

この結果は非常に重要である．覚えておこう．

9.1.1　グランドカノニカルアンサンブルとカノニカルアンサンブルとの関係

ここでは，グランドカノニカルアンサンブルとカノニカルアンサンブルの関係について述べる．

Z_Gを計算するにはiとNの総和を計算する必要があるが，どちらから行っても同じ答えになる．いま，始めにNを固定して状態についての和を求め，それからNについて行うことにする．それを意識したZ_Gを次式に示す．

$$Z_G = \sum_{i,N} e^{-\beta(E_{i,N}-N\mu)} = \sum_N \left\{ e^{\beta\mu N} \left(\sum_i e^{-\beta E_{i,N}} \right) \right\}$$

ここで，$e^{\beta\mu} = e^{\frac{\mu}{k_B T}} = \lambda$とおく．これを，絶対活動度という．この式の$\sum_i e^{-\beta E_{i,N}}$は，カノニカルアンサンブルの分配関数そのものである．そこで，カノニカルアンサンブルの分配関数$Z_C(N, V, T)$を前式に代入すると，大分配関数は次のように書くことができる．

$$Z_G = \sum_N \lambda^N Z_C(N, V, T)$$

また，系の粒子数がNとなる確率は，式(9-8)のようになる．

$$P_N = \sum_i P_{i,N} = \frac{\lambda^N Z_C(N, V, T)}{Z_G} \tag{9-8}$$

9.2　熱力学関数

9.2.1　平均の粒子数

　対象とする系の粒子数には揺らぎがあるが，その平均の粒子数 $\bar{N}$ は次のようにして求めることができる.

　$Z_{\mathrm{G}}=\sum_{N}\lambda^{N}Z_{\mathrm{C}}(N,V,T)$ の対数をとって両辺を λ で偏微分すると，

$$\frac{\partial \log Z_{\mathrm{G}}}{\partial \lambda}=\frac{1}{Z_{\mathrm{G}}}\frac{\partial Z_{\mathrm{G}}}{\partial \lambda}=\frac{1}{Z_{\mathrm{G}}}\sum_{N}N\lambda^{N-1}Z_{\mathrm{C}}(N,V,T)$$

$$=\frac{1}{\lambda}\sum_{N}NP_{N}=\frac{1}{\lambda}\bar{N}$$

となる. ここで，式(9-8)を使った. したがって，

$$\bar{N}=\lambda\left(\frac{\partial \log Z_{\mathrm{G}}}{\partial \lambda}\right)_{V,T}$$

と表される. あるいは，$Z_{\mathrm{G}}=\sum_{i,N}e^{-\beta E_{i,N}}e^{\beta N\mu}$ より，

$$\frac{\partial \log Z_{\mathrm{G}}}{\partial \mu}=\frac{1}{Z_{\mathrm{G}}}\sum_{i,N}\beta N e^{-\beta E_{i,N}}e^{\beta N\mu}=\beta\sum_{i,N}NP_{i,N}=\beta\bar{N}$$

となる. したがって，

$$\bar{N}=k_{\mathrm{B}}T\left(\frac{\partial \log Z_{\mathrm{G}}}{\partial \mu}\right)_{V,T}$$

と表される. 上式の $\bar{N}$ はマクロな物理量なので，一般的には N と表示する.

9.2.2　グランドポテンシャル $J=-pV$

　ここでは，カノニカルアンサンブルで示したヘルムホルツの自由エネルギーは，

$$F = -k_{\mathrm{B}}T\log Z_{\mathrm{C}}$$

と表すことができた. グランドカノニカルアンサンブルの場合は, **グランドポテンシャル**(grand potential)と呼ばれる J を用いると,

$$J = -k_{\mathrm{B}}T\log Z_{\mathrm{G}}$$

と表される. これを用いると, 各物理量の計算が容易となる. このことについて, 以下に述べる.

　まず, エントロピー S は, $S = -k_{\mathrm{B}}\sum_{i,N}P_{i,N}\log P_{i,N}$ と表せた. そこで, $P_{i,N} = \dfrac{e^{-\beta(E_{i,N}-N\mu)}}{Z_{\mathrm{G}}}$ を用いて, 以下に計算する.

$$
\begin{aligned}
S &= -k_{\mathrm{B}}\sum_{i,N}\frac{e^{-\beta(E_{i,N}-N\mu)}}{Z_{\mathrm{G}}}\log\frac{e^{-\beta(E_{i,N}-N\mu)}}{Z_{\mathrm{G}}} \\
&= -k_{\mathrm{B}}\sum_{i,N}\frac{e^{-\beta(E_{i,N}-N\mu)}}{Z_{\mathrm{G}}}(-\beta E_{i,N}+\beta\mu N-\log Z_{\mathrm{G}}) \\
&= k_{\mathrm{B}}\beta\sum_{i,N}\frac{E_{i,N}e^{-\beta(E_{i,N}-N\mu)}}{Z_{\mathrm{G}}} - k_{\mathrm{B}}\beta\sum_{i,N}\frac{\mu N e^{-\beta(E_{i,N}-N\mu)}}{Z_{\mathrm{G}}} + k_{\mathrm{B}}\log Z_{\mathrm{G}} \\
&= \frac{E}{T} - \frac{\mu\bar{N}}{T} + k_{\mathrm{B}}\log Z_{\mathrm{G}}
\end{aligned}
$$

上式の $\bar{N}$ はマクロな物理量なので, 一般的には N と表示する.

　ところで, 熱力学における次のオイラーの関係式(下記「補足」参照),

$$S = \frac{E}{T} - \frac{\mu N}{T} + \frac{pV}{T}$$

と対比させると, $pV = k_{\mathrm{B}}T\log Z_{\mathrm{G}}$ であることがわかる. そこで新たに熱力学関数 $J(V,T,\mu) = -pV$ を導入すると,

$$J = -k_{\mathrm{B}}T\log Z_{\mathrm{G}} \tag{9-9}$$

となる. この J を用いると, 他の熱力学関数を容易に求めることができる. すなわち, $J(V, T, \mu) = -pV$ の全微分をとると,

$$dJ = \left(\frac{\partial J}{\partial V}\right)_{T,\mu} dV + \left(\frac{\partial J}{\partial T}\right)_{V,\mu} dT + \left(\frac{\partial J}{\partial \mu}\right)_{T,V} d\mu \tag{9-10}$$

となる. 一方で**オイラーの関係式**より,

$$-pV = J = E - TS - \mu N (= F - \mu N)$$

である. この全微分をとると,

$$dJ = dE - TdS - SdT - \mu dN - Nd\mu = -pdV - SdT - Nd\mu \tag{9-11}$$

dJ についての 2 式 (9-10) と (9-11) を対応させると,

$$p = -\left(\frac{\partial J}{\partial V}\right)_{T,\mu} = k_{\mathrm{B}}T\left(\frac{\partial \log Z_{\mathrm{G}}}{\partial V}\right)_{T,\mu} \quad \left(= \frac{pV}{V} = \frac{k_{\mathrm{B}}T \log Z_{\mathrm{G}}}{V}\right)$$

$$S = -\left(\frac{\partial J}{\partial T}\right)_{V,\mu} = k_{\mathrm{B}}T\left(\frac{\partial \log Z_{\mathrm{G}}}{\partial T}\right)_{V,\mu} + k_{\mathrm{B}} \log Z_{\mathrm{G}}$$

$$N = -\left(\frac{\partial J}{\partial \mu}\right)_{T,V} = k_{\mathrm{B}}T\left(\frac{\partial \log Z_{\mathrm{G}}}{\partial \mu}\right)_{T,V}$$

のように, 熱力学関数が求まる.

【補足】 オイラーの関係式について

E を自然な変数で表すと $E(S, V, N)$ である. E の示量性より $E(\alpha S, \alpha V, \alpha N) = \alpha E(S, V, N)$ が成り立つ. この両辺を α で微分すると,

$$\frac{\partial E}{\partial(\alpha S)}\frac{\partial(\alpha S)}{\partial \alpha} + \frac{\partial E}{\partial(\alpha V)}\frac{\partial(\alpha V)}{\partial \alpha} + \frac{\partial E}{\partial(\alpha N)}\frac{\partial(\alpha N)}{\partial \alpha} = E$$

$$\therefore \frac{\partial E}{\partial(\alpha S)}S + \frac{\partial E}{\partial(\alpha V)}V + \frac{\partial E}{\partial(\alpha N)}N = E$$

となる．ここで，$\alpha = 1$とすると，

$$\frac{\partial E}{\partial S}S + \frac{\partial E}{\partial V}V + \frac{\partial E}{\partial N}N = E$$

$$\therefore TS - pV + \mu N = E$$

が成り立つ．

9.3 相互作用が弱い場合の取り扱い（グランドカノニカルアンサンブル）

グランドカノニカルアンサンブルの分配関数は，化学ポテンシャル μ，体積 V，温度 T で指定される．その式を以下に示した．

$$Z_G = \sum_{i,N} e^{-\beta(E_{i,N} - N\mu)}$$

ここで，エネルギー $E_{i,N}$ は，粒子数が N であるときの i 状態の粒子全体のエネルギーを表している．粒子間に相互作用がない場合を考えると，このエネルギーと粒子数に関して以下の条件がある．

$$E_{i,N} = n_{i,N,1} \cdot \epsilon_{i,N,1} + n_{i,N,2} \cdot \epsilon_{i,N,2} + n_{i,N,3} \cdot \epsilon_{i,N,3} + \cdots = \sum_{j=1}^{N}\{n_{i,N,j} \cdot \epsilon_{i,N,j}\}$$

$$N = n_{i,N,1} + n_{i,N,2} + n_{i,N,3} + \cdots = \sum_{j=1}^{\infty}\{n_{i,N,j}\}$$

上式で示した $\epsilon_{i,N,j}$ は，N 粒子からなる系の i 状態のエネルギー $E_{i,N}$ を構成する 1 粒子の j 状態のエネルギー表している．$n_{i,N,j}$ はその粒子数である．注意したいことは，系全体のエネルギーが $E_{i,N}$ となる 1 粒子のエネルギーの組み合わせすべてを数え上げなければならないことである（これをあらわにするため $\{n_{i,N,j} \cdot \epsilon_{i,N,j}\}$ ならびに $\{n_{i,N,j}\}$ と書いている）．前の 2 つの式を Z_G に代入すると，

$$Z_{\mathrm{G}}(\mu, V, T) = \sum_{i,N} e^{-\beta(E_{i,N}-N\mu)}$$

$$= \sum_{N=0}^{\infty} \sum_{i=1}^{\infty} \exp\left(-\beta\left(\sum_{j=1}^{\infty}\{n_{i,N,j} \cdot \epsilon_{i,N,j} - \mu n_{i,N,j}\}\right)\right)$$

となる．この式を眺めると $E_{i,N} - N\mu$ はすべての値をとるので（(N,i) に制限がないので），$E_{i,N} - N\mu$ を固定にした 1 原子のエネルギーの組み合わせ $\{n_{i,N,j} \cdot \epsilon_{i,N,j} - \mu n_{i,N,j}\}$ を考えて数え上げる必要がなくなることがわかる．すなわち，$n_{i,N,j}$ ならびに $\epsilon_{i,N,j}$ は独立変数として考えて処理できる．したがって，$\epsilon_{i,N,j}$ は ϵ_i に，$n_{i,N,j}$ は n_i とおくことができる．これらを用いると，前式は次のようになる．

$$Z_{\mathrm{G}}(\mu, V, T) = \sum_{i,N} e^{-\beta(E_{i,N}-N\mu)} = \sum_{N=0}^{\infty} \exp\left(-\beta\left(\sum_{i=1}^{\infty}\{\epsilon_i \cdot n_i - \mu n_i\}\right)\right)$$

前式は式(9-12)のようにも変形できる．

$$Z_{\mathrm{G}}(\mu, V, T) = \sum_{N=0}^{\infty} \exp\left(-\beta\left(\sum_{i=1}^{\infty}\{\epsilon_i \cdot n_i - \mu n_i\}\right)\right)$$

$$= \prod_i \sum_{n_i=0}^{\infty} \exp\left(-\beta(\epsilon_i \cdot n_i - \mu n_i)\right) \tag{9-12}$$

式(9-12)により，11 回で述べる量子統計の分配関数を求めることができる．

9.4　グランドカノニカルアンサンブルのまとめ

グランドカノニカルアンサンブルの分配関数は，

$$Z_{\mathrm{G}}(\mu, V, T) = \sum_{i,N} e^{-\beta(E_{i,N}-N\mu)} = \sum_N \lambda^N Z_{\mathrm{C}}(N, V, T)$$

である．ここで，$e^{\frac{\mu}{k_{\mathrm{B}}T}} = \lambda$ とおく．これを，絶対活動度という．また，

$Z_\mathrm{C}(N, V, T)$ は，カノニカルアンサンブルの分配関数である．

粒子間に相互作用がなく，系が N 個の同種粒子からなり，かつ各粒子が区別できる場合，分配関数は 1 粒子の分配関数を $z_\mathrm{C}\left(=\sum_{i=1}^{\infty}\exp\left(-\beta\epsilon_i\right)\right)$ とすると，$Z_\mathrm{C}=z_\mathrm{C}^N$ となる．この場合，次式となる．

$$Z_\mathrm{G}(\mu, V, T)=\sum_N \lambda^N Z_\mathrm{C}(N, V, T)=\sum_N \lambda^N z_\mathrm{C}^N=\sum_N (\lambda z_\mathrm{C})^N$$

一方，粒子間に相互作用がなく，系が N 個の同種粒子からなり，かつ各粒子が区別できない場合，分配関数は 1 粒子の分配関数を $z_\mathrm{C}\left(=\sum_{i=1}^{\infty}\exp\left(-\beta\epsilon_i\right)\right)$ とすると，$Z_\mathrm{C}=\dfrac{z_\mathrm{C}^N}{N!}$ となる．この場合，次式となる．

$$Z_\mathrm{G}(\mu, V, T)=\sum_N \lambda^N Z_\mathrm{C}(N, V, T)$$

$$=\sum_N \lambda^N \frac{z_\mathrm{C}^N}{N!}=\sum_N \frac{(\lambda z_\mathrm{C})^N}{N!}=e^{\lambda z_\mathrm{C}}$$

となる．

さらに，粒子間に相互作用がない場合には次の式が導出でき，この式から量子統計を議論できる．

$$Z_\mathrm{G}(\mu, V, T)=\sum_{N=0}^{\infty}\exp\left(-\beta\left(\sum_{i=1}^{\infty}\{\epsilon_i\cdot n_i-\mu n_i\}\right)\right)$$

$$=\prod_i \sum_{n_i=0}^{\infty}\exp\left(-\beta(\epsilon_i\cdot n_i-\mu n_i)\right)$$

ここで，ϵ_i は 1 粒子の i 状態のエネルギーで，n_i は i 状態の粒子数である．

系の内部エネルギー (E)，エントロピー (S)，圧力 (p)，化学ポテンシャル (μ) の物理量は，グランドポテンシャル (J) に対する次式，$J=-k_\mathrm{B}T\log Z_\mathrm{G}$

から次のように求まる.

$$E = -\frac{\partial \log Z_{\mathrm{G}}}{\partial \beta}$$

$$p = -\left(\frac{\partial J}{\partial V}\right)_{T,\mu} = k_{\mathrm{B}}T\left(\frac{\partial \log Z_{\mathrm{G}}}{\partial V}\right)_{T,\mu} \quad \left(= \frac{pV}{V} = \frac{k_{\mathrm{B}}T \log Z_{\mathrm{G}}}{V}\right)$$

$$S = -\left(\frac{\partial J}{\partial T}\right)_{V,\mu} = k_{\mathrm{B}}T\left(\frac{\partial \log Z_{\mathrm{G}}}{\partial T}\right)_{V,\mu} + k_{\mathrm{B}} \log Z_{\mathrm{G}}$$

$$N = -\left(\frac{\partial J}{\partial \mu}\right)_{T,V} = k_{\mathrm{B}}T\left(\frac{\partial \log Z_{\mathrm{G}}}{\partial \mu}\right)_{T,V}$$

また,$-pV = J = E - TS - \mu N (= F - \mu N)$ の関係式がある.

さらに,ギブスの自由エネルギーについての統計力学的扱いについては,14回:演習問題(II)で述べることにする.

9.5　理想気体(グランドカノニカルアンサンブルの例)

ここでは,理想気体に関するグランドカノニカルアンサンブルで計算した分配関数を求める.グランドカノニカルアンサンブルとカノニカルアンサンブルには以下の関係があることを述べた.すなわち,

$$Z_{\mathrm{G}}(\mu, V, T) = \sum_{i,N} e^{-\beta(E_{i,N} - N\mu)} = \sum_N \lambda^N Z_{\mathrm{C}}(N, V, T)$$

さらに相互作用がなくかつ粒子に区別ができない場合に,上式は次式になる.

$$Z_{\mathrm{G}}(\mu, V, T) = \sum_N \lambda^N Z_{\mathrm{C}}(N, V, T) = \sum_N \lambda^N \frac{z_{\mathrm{C}}^N}{N!} = \sum_N \frac{(\lambda z_{\mathrm{C}})^N}{N!} = e^{\lambda z_{\mathrm{C}}}$$

理想気体のカノニカルアンサンブルによる 1 粒子の分配関数 z_{C} は,式(7-8)で示した $\left(\frac{2\pi m}{\beta h^2}\right)^{\frac{3}{2}} V$ である.$\lambda = e^{\beta \mu}$ であることを考慮すると,Z_{G} は,

$$Z_G(\mu, V, T) = \exp\left\{ e^{\beta\mu} \left(\frac{2\pi m}{\beta h^2} \right)^{\frac{3}{2}} V \right\}$$

となる．分配関数が求まったので熱力学関数をすべて求めることができる．ぜひ計算してみよう．

9.6 格子・光子（グランドカノニカルアンサンブルの例）

光子（電磁波の振動）あるいは格子振動におけるグランドカノニカルアンサンブルによる分配関数について求める．量子力学で求めた振動のエネルギー固有値を再度示すと，

$$\epsilon_n = \left(n + \frac{1}{2} \right) \hbar\omega, \quad (n = 0, 1, 2, \ldots)$$

となる．ここで上式を次のように考えることにする．粒子の状態は1つで，この状態に量子数で示された数の粒子があると考える（すなわち n 個．量子を粒子として扱う考え方である）．このときのグランドカノニカルの分配関数 Z_G は，以下のようになる．

$$Z_G(\mu, V, T) = \sum_{N=0}^{\infty} \exp\left(-\beta \left(\sum_{i=1}^{\infty} \{\epsilon_i \cdot n_i - \mu n_i\} \right) \right)$$
$$= \prod_i \sum_{n_i=0}^{\infty} \exp\left(-\beta(\epsilon_i \cdot n_i - \mu n_i) \right)$$

この式に $\epsilon_n = \left(n + \frac{1}{2} \right) \hbar\omega$ を代入する．また，原子数を N_0 とすると，

$$Z_G = \left\{ \sum_{n=0}^{\infty} e^{-\beta(\epsilon_n - n\mu)} \right\}^{N_0} = \left\{ e^{-\frac{1}{2}\beta\hbar\omega} \sum_{n=0}^{\infty} e^{-\beta(n\hbar\omega - n\mu)} \right\}^{N_0}$$
$$= \left\{ e^{-\frac{1}{2}\beta\hbar\omega} \frac{1}{1 - e^{-\beta(\hbar\omega - \mu)}} \right\}^{N_0}$$

となる．この式を用いて，内部エネルギー $E\left(=-\dfrac{\partial \log Z_{\mathrm{G}}}{\partial \beta}\right)$ を求めると，

$$E=-\frac{\partial \log Z_{\mathrm{G}}}{\partial \beta}=3N_0\left(\frac{1}{2}+\frac{1}{e^{\beta(\hbar\omega-\mu)}-1}\right)\hbar\omega$$

となる．最終式は，カノニカルアンサンブルで得られた式(8-12)と比べると $\mu=0$ としたものに等しい．つまり，振動子のエネルギー量子は化学ポテンシャル $\mu=0$ の粒子であるということになる．これを準粒子と呼ぶこともある．

9.7　表面吸着（グランドカノニカルアンサンブルの例）

物質の表面にガスが吸着する問題を考える．表面には吸着サイトがあり，その数を N_0 とする．各サイトには最大1つの粒子が吸着可能であるとする．また，1つの吸着サイトに粒子が吸着することにより，エネルギーは減少する（$-\epsilon$）と考える．さらに，サイト間の相互作用は無視できると仮定する．また，ガスは理想気体である．いま，固体表面の吸着粒子の数を n とすると，その場合の数は，

$$\frac{N_0!}{n!(N_0-n)!}$$

となる．そのときのエネルギーは，$E=-n\epsilon$ となり，化学ポテンシャルは，$n\mu$ となる．これらを考慮して，$Z_{\mathrm{G}}(\mu,V,T)$ を求めると，

$$Z_{\mathrm{G}}(\mu,V,T)=\sum_{i,N}e^{-\beta(E_{i,N}-N\mu)}=\sum_{n=0}^{N_0}\frac{N_0!}{(N_0-n)!\,n!}e^{-\beta(-n\epsilon-n\mu)}$$
$$=\{1+e^{\beta(\epsilon+\mu)}\}^{N_0}$$

となる．$Z_{\mathrm{G}}(\mu,V,T)$ から吸着粒子の数 $\bar{n}$（平均値）を求めると，

$$\bar{n} = -\left(\frac{\partial J}{\partial \mu}\right)_{V,T} = k_B T \left(\frac{\partial \log Z_G}{\partial \mu}\right)_{V,T} = \frac{N_0}{1 + e^{-\beta(\epsilon + \mu)}}$$

となる.

さて，ガスと吸着固体とは平衡状態となっているので，それらの化学ポテンシャルは等しい．理想気体の化学ポテンシャルは以下であった（式(7-12)）.

$$\mu = -k_B T \log\left(\left(\frac{2\pi m k_B T}{h^2}\right)^{\frac{3}{2}} \frac{V}{N}\right)$$

この式から，$e^{-\beta\mu}$ を求めることとする．上式に $\frac{V}{N} = \frac{k_B T}{p}$ を代入して変形すると，

$$e^{-\beta\mu} = \frac{k_B T}{p}\left(\frac{2\pi m k_B T}{h^2}\right)^{\frac{3}{2}}$$

となる．この式を2つ上で求めた $\bar{n}$ の式に代入すると，

$$\bar{n} = \frac{N_0}{1 + \frac{k_B T}{p}\left(\frac{2\pi m k_B T}{h^2}\right)^{\frac{3}{2}} e^{-\beta\epsilon}} \tag{9-13}$$

となる．これは，**ラングミューアの吸着等温式**と呼ばれている．この式から，圧力が低いほど被覆率は低いことがすぐにわかる．また，温度の上昇に伴い小さくなるから，被覆率は高温ほど低いということがわかる．したがって，固体表面から吸着ガスを取り除くためには，高真空かつ高温ほどよいことがわかる．

また，$\bar{n}$ はマクロな物理量なので，一般的には n と表示する.

9.8　代表的なアンサンブルのまとめ

表 9-1

	ミクロカノニカル アンサンブル	カノニカル アンサンブル	グランドカノニカル アンサンブル
系の状態指定	(N, V, E)	(N, V, T)	(μ, V, T)
分配関数	なし，Ω が 相当する	$Z_\mathrm{C} = \displaystyle\sum_{i=1}^{\infty} e^{-\beta E_i}$	$Z_\mathrm{G} =$ $\displaystyle\sum_{N=0}^{\infty} \sum_{i=1}^{\infty} e^{-\beta(E_{i,N} - N\mu)}$
ある微視的状 態をとる確率	$P_i = \dfrac{1}{\Omega}$	$P_i = \dfrac{e^{-\beta E_i}}{Z_\mathrm{C}}$	$P_{i,N} = \dfrac{e^{-\beta(E_{i,N} - N\mu)}}{Z_\mathrm{G}}$
基本関数	$S = k_\mathrm{B} \log \Omega$	$F = -k_\mathrm{B} T \log Z_\mathrm{C}$	$J = -k_\mathrm{B} T \log Z_\mathrm{G}$
エントロピー	同上	$S = -\left(\dfrac{\partial F}{\partial T}\right)_{N,V}$	$S = -\left(\dfrac{\partial J}{\partial T}\right)_{V,\mu}$
圧力	$p = T\left(\dfrac{\partial S}{\partial V}\right)_{N,E}$	$p = -\left(\dfrac{\partial F}{\partial V}\right)_{N,T}$	$p = -\left(\dfrac{\partial J}{\partial V}\right)_{T,\mu}$
温度	$\dfrac{1}{T} = \left(\dfrac{\partial S}{\partial E}\right)_{N,V}$	指定	指定
粒子数	指定	指定	$N = -\left(\dfrac{\partial J}{\partial \mu}\right)_{T,V}$
化学 ポテンシャル	$\mu = -T\left(\dfrac{\partial S}{\partial N}\right)_{V,E}$	$\mu = \left(\dfrac{\partial F}{\partial N}\right)_{V,T}$	指定
内部 エネルギー	指定	$E =$ $k_\mathrm{B} T^2 \left(\dfrac{\partial \log Z_\mathrm{C}}{\partial T}\right)_{N,V}$	$E = J + TS + \mu N$
相互作用が弱 い場合の近似		$Z_\mathrm{C} = z_\mathrm{C}^N$ または， $Z_\mathrm{C} = \dfrac{z_\mathrm{C}^N}{N!}$	$Z_\mathrm{G} = \displaystyle\prod_i \sum_{n_i=0}^{\infty}$ $\exp(-\beta(\epsilon_i \cdot n_i - \mu n_i))$

10回

相互作用のある場合の取り扱い例（相転移）

　ここでは，イジング模型とブラッグ-ウィリアムズ近似を用いて，2次の相転移を取り扱うことにする．

　格子上にスピンが配列しており，各スピンは↑または↓の2つの状態のみをとるとする（**図10-1**）．簡単のため，相互作用は隣接したスピン間のみに働くとする．相互作用エネルギーの大きさは，

$$↑↑, ↓↓のとき　-J$$
$$↓↑, ↑↓のとき　+J$$

とする．ここで，スピン変数 s_i を導入し，↑のとき $s_i=1$，↓のとき $s_i=-1$ とすると，スピン (i, j) 間の相互作用を，$-Js_i s_j$ と表すことにする．このスピン間相互作用のみを考えたときの系のエネルギー（**ハミルトニアン**）は，

$$\mathcal{H} = -J\sum_{i,j} s_i s_j \tag{10-1}$$

と表すことができる．取り扱いを簡単にするため，和は隣接している (i, j) 対についてのみ考えることにする．いま，$J>0$ とすると，すべてのスピンが同じ方向を向くとエネルギーは最も低くなる（強磁性に対応する）．また，$J<0$ とすると，隣接するスピンが互いに反対方向を向くとエネルギーは最も低くな

↑	↑	↓	↑
↓	↑	↑	↑
↓	↓	↑	↑
↑	↑	↓	↓

図10-1

る(反強磁性に対応する). また, 温度が高くなると, エントロピーを大きくするために, J を振り切りすべてのスピンはランダムに並ぶであろう(常磁性に対応する). したがって, この簡単なモデルを用いることで温度変化に伴う相転移の説明ができる.

10.1　$J>0$ の場合

全スピン数を N, ↑のスピンの数を N_+, ↓のスピンの数を N_- とする ($N=N_++N_-$). また, $2S=N_+-N_-$ とおくことにする(ここでは N を偶数とする. N が奇数のときは $2S+1$ とする). この $2S$ は規則化の程度を表すオーダーパラメータである. この $2S$ を用いると,

$$N_+ = \frac{N+2S}{2}, \quad N_- = \frac{N-2S}{2}$$

と表される. さらに, $m=\dfrac{2S}{N}$ とする. この m もまた, オーダーパラメータである. この m を使うと,

$$\frac{N_+}{N} = \frac{N+2S}{2N} = \frac{1+m}{2}, \quad \frac{N_-}{N} = \frac{N-2S}{2N} = \frac{1-m}{2}$$

と表される. 系のハミルトニアンは $\mathcal{H}=-J\sum_{i,j}s_i s_j$ であり, この値はスピン配列に依存し, N や m を指定しても本来は定まらない. しかし, N と m を指定することでハミルトニアンが定まるように, 思い切った近似を行う. ↑スピンの存在確率は $\dfrac{N_+}{N}$ であり, ↓スピンの存在確率は $\dfrac{N_-}{N}$ である. いま, ↑スピンと↓スピンが完全にランダムに配置すると仮定することにする(相互作用があるとしているのだから, 配置が完全なランダムになるとは, 考えられない. したがって, この近似は非常に粗い近似であることを念頭におく. このように粗い近似にもかかわらず, 非常に実りある結果が得られる). このような仮定を行うと,

↑↑の存在確率は, $\dfrac{N_+}{N}\dfrac{N_+}{N}=\dfrac{1}{4}(1+m)^2$

↓↓の存在確率は, $\dfrac{N_-}{N}\dfrac{N_-}{N}=\dfrac{1}{4}(1-m)^2$

↑↓の存在確率は, $\dfrac{N_+}{N}\dfrac{N_-}{N}=\dfrac{1}{4}(1-m^2)$

↓↑の存在確率は, $\dfrac{N_-}{N}\dfrac{N_+}{N}=\dfrac{1}{4}(1-m^2)$

となる．これら存在確率の合計は1となっている．この確率を用いて，1対あたりの平均のエネルギーを，

$$-J\left\{\frac{1}{4}(1+m)^2+\frac{1}{4}(1-m)^2\right\}+2J\cdot\frac{1}{4}(1-m^2)=-Jm^2$$

と近似する．この近似を**ブラッグ–ウィリアムズ近似**と呼ぶ(上述したように，この近似は非常に粗い近似であるが，簡単な計算で2次の相転移をあらかた説明してくれるため，**相転移**を理解するうえで有用な取り扱いである)．

いま，各スピンの配位数をzとすると，スピン対の数は，$\frac{1}{2}Nz$である．したがって，系のエネルギーは，

$$E=-\frac{1}{2}NzJm^2$$

と近似できる．この近似では，エネルギーはオーダーパラメータmにより決まることがわかる．そこで，mが同じ値をとる状態について(すなわちエネルギーが同じ状態について)，ミクロカノニカルアンサンブルを考えることにする．まず，mの値が決まったときのエントロピーの値を求める．

$$S=k_{\mathrm B}\log\Omega=k_{\mathrm B}\log\left(\frac{N!}{N_+!\,N_-!}\right)$$

$$=-Nk_{\mathrm B}\left(\frac{N_+}{N}\log\frac{N_+}{N}+\frac{N_-}{N}\log\frac{N_-}{N}\right)$$

$$\therefore S = \frac{1}{2} N k_{\mathrm{B}} \{2 \log 2 - (1+m) \log (1+m) - (1-m) \log (1-m)\}$$

これより，ヘルムホルツの自由エネルギーは，

$$F = E - TS$$

$$= -\frac{1}{2} N z J m^2$$

$$-\frac{1}{2} N k_{\mathrm{B}} T \{2 \log 2 - (1+m) \log (1+m) - (1-m) \log (1-m)\} \quad (10\text{-}2)$$

と表すことができる．平衡状態における m の値を知りたい．平衡状態では，F が極小をとる．すなわち，$\dfrac{\partial F}{\partial m} = 0$ であるから，

$$\frac{\partial F}{\partial m} = -N z J m + \frac{1}{2} N k_{\mathrm{B}} T \{\log (1+m) - \log (1-m)\} = 0$$

$$\therefore \frac{1}{2} \log \frac{1+m}{1-m} = \frac{z J m}{k_{\mathrm{B}} T}$$

となる．ここで，$\alpha = z J / k_{\mathrm{B}} T$ とおくと，

$$\frac{1+m}{1-m} = e^{2 \alpha m}$$

となる．これを m について形式的に解くと，

$$m = \frac{e^{2 \alpha m} - 1}{1 + e^{2 \alpha m}} = \frac{e^{\alpha m} - e^{-\alpha m}}{e^{\alpha m} + e^{-\alpha m}} = \tanh \alpha m \quad (10\text{-}3)$$

と表される．いま，$x = \alpha m$ とすると上式の右辺は $\tanh x$ であり，左辺は $(m =) x / \alpha$ である．したがって，$y = \tanh x$ と $y = x / \alpha$ の交点から，x の値が求まり，それより，m が求まる（**図 10-2**）．

　いま，$\alpha \leq 1$ のとき，すなわち，$T \geq z J / k_{\mathrm{B}}$ のときは，$\dfrac{\partial F}{\partial m} = 0$ を満たすのは，$m = 0$ のみである．これは常磁性状態に対応する．すなわち，全体として

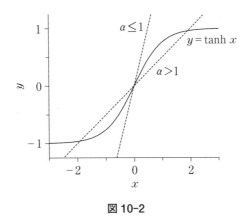

図10-2

スピンはバラバラであり，自発磁化をもたない．

　一方，$\alpha > 1$ のとき，すなわち $T < zJ/k_B$ のときは，$\dfrac{\partial F}{\partial m} = 0$ を満たす m は 3つある．ただし，$m = 0$ は不安定解であり，正負2つの自発磁化をもつことになる．このことより，$T_c = zJ/k_B$ を境界として，それより高い温度では自発磁化がなく，それより低い温度では自発磁化が現れることより，T_c が相転移温度である．この T_c を用いると，α は $\alpha = T_c/T$ と表される．

　いま，x が小さいとき，$\tanh x = x - \dfrac{1}{3}x^3$ と近似できるので，αm が小さいときは，

$$m = \alpha m - \frac{1}{3}(\alpha m)^3, \quad \therefore m^2 = \frac{3(\alpha - 1)}{\alpha^3}$$

となる．これより，

$$m = \pm \frac{1}{\alpha}\sqrt{\frac{3(\alpha - 1)}{\alpha}} = \pm \frac{T}{T_c}\sqrt{\frac{3(T_c - T)}{T_c}}$$

となるが，αm が小さいときは，$T \sim T_c$ であるので，$\dfrac{T_c}{T} \sim 1$ として，以下の

ように表せる.

$$m = \pm \sqrt{\frac{3(T_{\mathrm{c}} - T)}{T_{\mathrm{c}}}}, \quad \therefore m \propto (T_{\mathrm{c}} - T)^{\frac{1}{2}}$$

したがって, ブラッグ–ウィリアムズ近似からは臨界指数として, 1/2 が得られる.

　次に, T_{c} での熱容量を求める. $E = -\dfrac{1}{2} NzJm^2$ に, $m = \pm \sqrt{\dfrac{3(T_{\mathrm{c}} - T)}{T_{\mathrm{c}}}}$ を代入すると,

$$E = -\frac{3}{2} NzJ \frac{T_{\mathrm{c}} - T}{T_{\mathrm{c}}}, \quad \therefore C_{\mathrm{V}} = \frac{3}{2} \frac{NzJ}{T_{\mathrm{c}}} = \frac{3}{2} Nk_{\mathrm{B}}$$

となる. この熱容量は, スピンの揺らぎに対応した熱容量である. 実際の固体の磁性体の場合は, この値に加えて, 格子振動による熱容量が加えられる(測定データはスピン揺らぎによる熱容量と格子振動による熱容量を合わせた形となる).

【補足】　自由エネルギー F の m 依存性について理解しやすくするためにテイラー展開する. 自由エネルギー F には, $(1 + m) \log (1 + m)$ という項が表れている. そこで, $f(x) = (1 + x) \log (1 + x)$ として, $f(x)$ を $x = 0$ の周りでテイラー展開する(マクローリン展開). すなわち,

$$f'(x) = \log (1 + x) + 1, \quad f''(x) = \frac{1}{1 + x}, \quad f'''(x) = -\frac{1}{(1 + x)^2},$$

$$f''''(x) = \frac{2}{(1 + x)^3}$$

であるから, $f(0) = 0$, $f'(0) = 1$, $f''(0) = 1$, $f'''(0) = -1$, $f''''(0) = 2$ となる.
　したがって, $f(x)$ は以下のように求められる.

$$f(x) = 0 + x + \frac{x^2}{2} - \frac{x^3}{6} + \frac{x^4}{12} + o(x^5)$$

また, $g(x)=(1-x)\log(1-x)$ とすると,

$$g(x)=0-x+\frac{x^2}{2}+\frac{x^3}{6}+\frac{x^4}{12}+o(x^5)$$

となる. したがって, $f(x)+g(x)=x^2+\dfrac{x^4}{6}$ と表せる. よって,

$$F=-Nk_BT\log 2+\frac{N}{2}(k_BT-zJ)m^2+\frac{Nk_BT}{12}m^4$$

なので,

$$\frac{\partial F}{\partial m}=\frac{Nk_B}{3}m\left(Tm^2+\frac{3}{k_B}(k_BT-zJ)\right)$$

となる.

$\dfrac{\partial F}{\partial m}=0$ の解を考えると, $k_BT\ge zJ$ のとき, すなわち $(T\ge T_c=\dfrac{zJ}{k_B})$ のときは, $m=0$ にだけ解がある. 一方で, $k_BT<zJ$ のときには, $m\ne 0$ に2つの極小がある.

10.2　$J<0$ の場合

$J<0$ の場合, 基底状態のスピン配列は反強磁性的となる. この場合, ↑だけを取り出すと格子を形成している. また, ↓だけを取り出しても格子を形成している. そこで, ↑の格子をA副格子, ↓の格子をB副格子と呼ぶことにする.

A副格子には $N/2$ 個のサイトがある. 基底状態ではすべてのA副格子はすべて↑のスピンが入っているが, 温度が上昇すると, ↓のスピンも入ることになる. そこで, ↑, ↓の入っている数をそれぞれ, N_{A+}, N_{A-} で表すことにする. また, B副格子にも $N/2$ のサイトがあり, ↑, ↓の入っている数をそれぞれ, N_{B+}, N_{B-} で表すことにする. さらに, スピンあたりの平均の磁化を表す次のパラメータを導入する.

$$m_A = \frac{N_{A+} - N_{A-}}{\frac{N}{2}}, \quad m_B = \frac{N_{B-} - N_{B+}}{\frac{N}{2}}$$

全体としては，$m_A + m_B = 0$ となっていると考えられる．そこで $m_A = m$，$m_B = -m$ とおくことにする．

$m_A = \dfrac{N_{A+} - N_{A-}}{\frac{N}{2}}$ より，$N_{A+} - N_{A-} = \dfrac{Nm}{2}$ である．また，$N_{A+} + N_{A-}$

$= \dfrac{N}{2}$ であるので，

$$N_{A+} = \frac{N}{4}(1+m), \quad N_{A-} = \frac{N}{4}(1-m)$$

となる．同様にして，

$$N_{B-} = \frac{N}{4}(1+m), \quad N_{B+} = \frac{N}{4}(1-m)$$

となる．以上から，

$(\mathrm{SiteA}, \mathrm{SiteB}) = (\uparrow\uparrow)$ となる確率は，$\dfrac{2N_{A+}}{N}\dfrac{2N_{B+}}{N} = \dfrac{1}{4}(1+m)(1-m),$

$(\mathrm{SiteA}, \mathrm{SiteB}) = (\uparrow\downarrow)$ となる確率は，$\dfrac{2N_{A+}}{N}\dfrac{2N_{B-}}{N} = \dfrac{1}{4}(1+m)^2,$

$(\mathrm{SiteA}, \mathrm{SiteB}) = (\downarrow\uparrow)$ となる確率は，$\dfrac{2N_{A-}}{N}\dfrac{2N_{B+}}{N} = \dfrac{1}{4}(1-m)^2,$

$(\mathrm{SiteA}, \mathrm{SiteB}) = (\downarrow\downarrow)$ となる確率は，$\dfrac{2N_{A-}}{N}\dfrac{2N_{B-}}{N} = \dfrac{1}{4}(1-m)(1+m)$

を得る．したがって，1対あたりの平均のエネルギーは，

$$-2J \cdot \frac{1}{4}(1-m^2) + J\left\{\frac{1}{4}(1+m)^2 + \frac{1}{4}(1-m)^2\right\} = Jm^2$$

と近似できる. 配位数を z とすると, スピン対の数は $\frac{1}{2}Nz$ である. よって, 系のエネルギーは,

$$E = \frac{1}{2}NzJm^2 = -\frac{1}{2}Nz|J|m^2 \tag{10-4}$$

となる. すなわち, 強磁性の場合と同じ形をとる. したがって,

$$T = T_{\mathrm{N}} \equiv \frac{z|J|}{k_{\mathrm{B}}} \tag{10-5}$$

において, 相転移することとなる. これは, 常磁性-反強磁性相転移である. T_{N} をネール点という.

11回

フェルミ統計とボーズ統計（量子統計）

　相互作用が弱く区別できない粒子を取り扱う際に分配関数を，以下のように表した（修正ボルツマン統計，式(6-12)）.

$$Z_C = \frac{z_C^N}{N!}$$

この式が使えるのは，エネルギーが $k_B T \sim 10 k_B T$ の範囲にある1粒子状態の数が粒子数に比べて圧倒的に多い場合である．したがって，温度が低くなると，上式は分配関数として適切ではない（特に，質量の小さな電子の場合には，室温ですら上式は使えない）．このような場合には，フェルミ統計やボーズ統計を用いる必要がある.

11.1　フェルミ粒子とボーズ粒子

　区別できない粒子には**フェルミ粒子**と**ボーズ粒子**の2種類がある．フェルミ粒子はスピンが半整数の粒子であり，その代表は電子である．ボーズ粒子はスピンが整数の粒子であり，その代表は ^{4}He である．フェルミ粒子とボーズ粒子とでは対称性が異なる．すなわち，フェルミ粒子の波動関数は粒子の交換に対して反対称であるが，ボーズ粒子では，対称となる．このことを，3つの粒子からなる系を具体例として示すと以下のようになる.

　3つの粒子からなる波動関数を Φ とすると，フェルミ粒子は $\Phi(\vec{r}_a, \vec{r}_b, \vec{r}_c) = -\Phi(\vec{r}_b, \vec{r}_a, \vec{r}_c)$ となる（粒子交換に対して反対称関数）．一方，ボーズ粒子は $\Phi(\vec{r}_a, \vec{r}_b, \vec{r}_c) = \Phi(\vec{r}_b, \vec{r}_a, \vec{r}_c)$ となる（粒子交換に対して対称関数）．さらに具体的に，3つの粒子からなる波動関数 Φ を1粒子の波動関数 φ を用いて記述し，説明する．すなわち，3つの粒子からなる波動関数 Φ は，

$$\Phi(\vec{r}_a, \vec{r}_b, \vec{r}_c) = \varphi_1(\vec{r}_a)\,\varphi_2(\vec{r}_b)\,\varphi_3(\vec{r}_c)$$

で表されると近似する．これは，状態1に粒子aが，状態2に粒子bが，状態3に粒子cが入っていることを意味する．しかし，この表し方では反対称性を表すことができない．反対称性を表すために次のようなスレーター行列式を用いる．

$$\Phi(\vec{r}_a, \vec{r}_b, \vec{r}_c) = C \begin{vmatrix} \varphi_1(\vec{r}_a) & \varphi_1(\vec{r}_b) & \varphi_1(\vec{r}_c) \\ \varphi_2(\vec{r}_a) & \varphi_2(\vec{r}_b) & \varphi_2(\vec{r}_c) \\ \varphi_3(\vec{r}_a) & \varphi_3(\vec{r}_b) & \varphi_3(\vec{r}_c) \end{vmatrix}$$

ただし，C は規格化のための定数である．このようにスレーター行列式で表すと，行列式の性質から粒子aと粒子bを交換すると，符号が反転することがすぐにわかる．

また，行列式の性質から同じ状態を2つの粒子が占有すると行列式はゼロとなる．例えば，状態1に2つの粒子が入った場合では，

$$\Phi(\vec{r}_a, \vec{r}_b, \vec{r}_c) = C \begin{vmatrix} \varphi_1(\vec{r}_a) & \varphi_1(\vec{r}_b) & \varphi_1(\vec{r}_c) \\ \varphi_1(\vec{r}_a) & \varphi_1(\vec{r}_b) & \varphi_1(\vec{r}_c) \\ \varphi_3(\vec{r}_a) & \varphi_3(\vec{r}_b) & \varphi_3(\vec{r}_c) \end{vmatrix} = 0$$

となる．このことはフェルミ粒子では1つの状態に入る粒子数は1個に限られることを意味する．

一方，ボーズ粒子は粒子交換に対して対称である．これを満たすには，形式的に行列式に現れる（−）をすべて（＋）に変える操作を定義すると達成する．すなわち，次式で表される．

$$\Phi(\vec{r}_a, \vec{r}_b, \vec{r}_c) = C \begin{vmatrix} \varphi_1(\vec{r}_a) & \varphi_1(\vec{r}_b) & \varphi_1(\vec{r}_c) \\ \varphi_2(\vec{r}_a) & \varphi_2(\vec{r}_b) & \varphi_2(\vec{r}_c) \\ \varphi_3(\vec{r}_a) & \varphi_3(\vec{r}_b) & \varphi_3(\vec{r}_c) \end{vmatrix}^{*}$$

ここで, | |* は行列式に現れる(−)をすべて(+)に変える操作を意味している. このことから, ボーズ粒子は1つの状態に何個でも入ることがわかる.

11.2 修正ボルツマン統計, フェルミ統計, ボーズ統計の関係

修正ボルツマン統計と**フェルミ統計, ボーズ統計**における状態数の数え方について理解を深めるために簡単な例を取り上げる. 3つの区別できない粒子を考える. これらの粒子が取り得る状態を $1, 2, 3, \ldots$ とし, そのエネルギーが,

$$\epsilon_i = i\delta, \quad (i = 1, 2, 3, \ldots)$$

で表されるとする. 3つの粒子からなる系全体のエネルギーを E_i とする. 分配関数を,

$$Z = \sum_{\text{level}} \Omega_i e^{-\beta E_i}$$

と表したときに, Ω_i(縮退している数)はどのような値になるかについて考える. 全エネルギーが $E_i = 9\delta$ である場合について考える.

表 11-1 から

表 11-1

1つめの粒子の状態	2つめの粒子の状態	3つめの粒子の状態	区別可能としたときの Ω_i(B)	フェルミ統計での Ω_i(FD)	ボーズ統計での Ω_i(BE)
7	1	1	3	許されない	1
6	2	1	6	1	1
5	3	1	6	1	1
5	2	2	3	許されない	1
4	4	1	3	許されない	1
4	3	2	6	1	1
3	3	3	1	許されない	1

$$\Omega_i(\mathrm{B}) = 3+6+6+3+3+6+1 = 28, \quad \Omega_i(\mathrm{FD}) = 3, \quad \Omega_i(\mathrm{BE}) = 7$$

であることがわかる.

また，$\dfrac{\Omega_i(\mathrm{B})}{N!} = \dfrac{28}{3!} = 4.66$ であるから，

$$\Omega_i(\mathrm{FD}) < \frac{\Omega_i(\mathrm{B})}{N!} < \Omega_i(\mathrm{BE})$$

という関係になっていることがわかる. δ を固定して，E_i が大きくなると，3つの粒子のとる状態はほとんど等しくなると考えてよい. このような場合には，

$$\Omega_i(\mathrm{FD}) \simeq \frac{\Omega_i(\mathrm{B})}{N!} \simeq \Omega_i(\mathrm{BE})$$

となる.

11.3　数表示

　量子統計では数表示を用いると便利である. 粒子は区別できないのだから，各状態 $(1, 2, 3, 4, \ldots)$ に何個粒子が入っているかを数列 $(n_1, n_2, n_3, n_4, \ldots)$ として指定すれば，系の状態を指定したことになる（**表 11-2**）.

　フェルミ粒子では，$n_i = 0$ or 1 しかとれない. ボーズ粒子では，$n_j = 0, 1, 2, 3, 4, \ldots$ のようにとることができる. 系の状態は $(n_1, n_2, n_3, n_4, \ldots)$ のように数列（数表示）で表すことができる.

　各状態に入ることのできる粒子の数が最大 1 個であるのがフェルミ粒子であ

表 11-2

1粒子状態 (i)	1	2	3	4	$\cdots$
1粒子状態の固有エネルギー	ϵ_1	ϵ_2	ϵ_3	ϵ_4	
状態を占有する粒子数	n_1	n_2	n_3	n_4	

り，粒子数に制限のないのがボーズ粒子である．

11.4　フェルミ統計 (フェルミ-ディラック統計)

　フェルミ粒子では，n_i の取り得る値は，$0, 1$ の 2 つしかない．したがって，大分配関数は，式(9-12)で示した下記のようになる．

$$Z_{\mathrm{G}}(\mu, V, T) = \prod_i \sum_{n_i=0}^{\infty} \exp\left(-\beta(\epsilon_i \cdot n_i - \mu n_i)\right)$$

$$= \prod_i \{1 + e^{-\beta(\epsilon_i - \mu)}\}$$

ここで，$\lambda = e^{\frac{\mu}{k_{\mathrm{B}} T}} = e^{\beta \mu}$ なので，

$$Z_{\mathrm{G}}(\mu, V, T) = \prod_i (1 + \lambda e^{-\beta \epsilon_i}) = \prod_i \xi_i \tag{11-1}$$

となる($\xi_i = 1 + \lambda e^{-\beta \epsilon_i}$ とおく)．平均の粒子数は大分配関数より，次のように求まる(ここで $\bar{N}$ であるが，マクロな物理量なので，以下 N とする)．

$$N = \frac{\lambda \partial \log Z_{\mathrm{G}}}{\partial \lambda} = \sum_i \lambda \left(\frac{\partial \log \xi_i}{\partial \lambda}\right) = \sum_i \bar{n}_i$$

ここで，$\bar{n}_i = \lambda \left(\dfrac{\partial \log \xi_i}{\partial \lambda}\right)$ は状態 i の占有率であり，次のように計算される．

$$\bar{n}_i = \lambda \left(\frac{\partial \log \xi_i}{\partial \lambda}\right) = \lambda \frac{1}{\xi_i} \frac{\partial \xi_i}{\partial \lambda}$$

$$= \frac{\lambda e^{-\beta \epsilon_i}}{1 + e^{-\beta \epsilon_i} \lambda} = \frac{1}{e^{\beta(\epsilon_i - \mu)} + 1}$$

この $\bar{n}_i$ を**フェルミ分布関数**と呼ぶ．すなわち，

$$\bar{n}_i = f_{\mathrm{FD}}(\epsilon) = \frac{1}{e^{\beta(\epsilon-\mu)}+1} \tag{11-2}$$

となる.

$\beta(\epsilon-\mu) \gg 1$ のとき，すなわち低温かつ $\epsilon > \mu$ のとき，$f(\epsilon) \simeq 0$ となる

$\beta(\epsilon-\mu) \ll -1$ のとき，すなわち低温かつ $\epsilon < \mu$ のとき，$f(\epsilon) \simeq 1$ となる

$$\epsilon = \mu \text{ のとき，} f_{\mathrm{FD}}(\epsilon) = \frac{1}{2} \text{ となる}$$

フェルミ分布関数は，電子が関連した固体物性を理解するうえで，極めて重要である．覚えておこう.

11.5　ボーズ統計（ボーズ-アインシュタイン統計）

ボーズ粒子では $\bar{n}_i$ の取り得る値は，$0, 1, 2, 3, \ldots$ である．その大分配関数は,

$$Z_{\mathrm{G}}(\mu, V, T) = \prod_i \sum_{n_i=0}^{\infty} \exp\left(-\beta(\epsilon_i \cdot n_i - \mu n_i)\right)$$

となる．ここで，粒子についての和は，初項が1で公比が $e^{-\beta(\epsilon_i-\mu)}$ の無限級数であることならびに，$\lambda = e^{\frac{\mu}{k_{\mathrm{B}}T}} = e^{\beta\mu}$ を考慮すると,

$$Z_{\mathrm{G}}(\mu, V, T) = \prod_i \frac{1}{1 - e^{-\beta(\epsilon_i-\mu)}}$$

$$= \prod_i \frac{1}{1 - \lambda e^{-\beta\epsilon_i}} = \prod_i \xi_i \tag{11-3}$$

となる（$\xi_i = \dfrac{1}{1 - \lambda e^{-\beta\epsilon_i}}$ とおく）．平均の粒子数は大分配関数より，次式のように求まる.

$$N = \frac{\lambda \partial \log Z_{\mathrm{G}}}{\partial \lambda} = \sum_i \lambda \left(\frac{\partial \log \xi_i}{\partial \lambda} \right) = \sum_i \bar{n}_i$$

ここで，$\bar{n}_i = \lambda \left(\dfrac{\partial \log \xi_i}{\partial \lambda} \right)$ は状態 i の占有率であり，次式のように計算される.

$$\bar{n}_i = \lambda \left(\frac{\partial \log \xi_i}{\partial \lambda} \right) = \lambda \frac{1}{\xi_i} \frac{\partial \xi_i}{\partial \lambda} = \frac{\lambda e^{-\beta \epsilon_i}}{1 - e^{-\beta \epsilon_i} \lambda} = \frac{1}{e^{\beta(\epsilon_i - \mu)} - 1}$$

この $\bar{n}_i$ をボーズ分布関数と呼ぶ. すなわち，

$$f_{\mathrm{BE}}(\epsilon) = \frac{1}{e^{\beta(\epsilon - \mu)} - 1} \tag{11-4}$$

となる.

　フェルミ分布とボーズ分布は分母の符号が異なるだけである. したがって，

$$f(\epsilon) = \frac{1}{e^{\beta(\epsilon - \mu)} \pm 1} \quad (+ \text{フェルミ分布，} - \text{ボーズ分布})$$

のようにまとめて表すことができる. この表現を用いると，系の平均の粒子数，平均のエネルギーは，

$$N = \sum_i \bar{n}_i = \sum_i \frac{1}{e^{\beta(\epsilon_i - \mu)} \pm 1}$$

$$E = \sum_i \epsilon_i \bar{n}_i = \sum_i \frac{\epsilon_i}{e^{\beta(\epsilon_i - \mu)} \pm 1}$$

のように表せる. また，グランドポテンシャル J は，

$$J = -k_{\mathrm{B}} T \log Z_{\mathrm{G}} = \mp k_{\mathrm{B}} T \sum_i \log (1 \pm e^{\beta(\mu - \epsilon_i)}) \tag{11-5}$$

のように表すことができ，このグランドポテンシャルからエントロピーなどの

物理量$\left(S = -\left(\dfrac{\partial J}{\partial T}\right),\text{ etc.}\right)$を求めることができる.

11.6　フェルミ統計の例：理想フェルミ気体
　　　（金属中の自由電子）

　金属中の伝導電子は粗い近似では自由電子（自由粒子）と見なすことができる. 体積 V の箱の中に N 個の自由電子があるとする. 自由電子の状態密度は, 式(7-5)に示したように1スピン自由度あたり,

$$D_1(\epsilon) = 2\pi\left(\frac{2m}{h^2}\right)^{\frac{3}{2}}V\epsilon^{\frac{1}{2}}$$

である. 金属中の自由電子にはスピン自由度として up と down の2つの自由度があるから, 自由電子の状態密度は,

$$D(\epsilon) = 2D_1(\epsilon) = 4\pi\left(\frac{2m}{h^2}\right)^{\frac{3}{2}}V\epsilon^{\frac{1}{2}}$$

である. したがって, 体積 V の箱の中の平均の粒子数は,

$$N = \sum_i \frac{1}{e^{\beta(\epsilon_i - \mu)} + 1} = \int_0^\infty D(\epsilon)\frac{1}{e^{\beta(\epsilon - \mu)} + 1}\,d\epsilon$$

$$= 4\pi\left(\frac{2m}{h^2}\right)^{\frac{3}{2}}V\int_0^\infty \frac{\epsilon^{\frac{1}{2}}}{e^{\beta(\epsilon - \mu)} + 1}\,d\epsilon$$

となる. 室温(300 K 程度)の温度では, 分母に現れる +1 を無視できない. すなわち, 電子にとって 300 K は極めて低温である.

　いま, $T = 0\ (\beta = \infty)$ の状態を考える. このとき, $\epsilon < \mu$ では $f_{\mathrm{FD}}(\epsilon) = 1$ であり, $\epsilon > \mu$ では $f_{\mathrm{FD}}(\epsilon) = 0$ であるから,

$$N = 4\pi\left(\frac{2m}{h^2}\right)^{\frac{3}{2}}V\int_0^\mu \epsilon^{\frac{1}{2}}\,d\epsilon = \frac{8}{3}\pi\left(\frac{2m}{h^2}\mu\right)^{\frac{3}{2}}V$$

である．前式を μ について解くと，

$$\mu = \frac{h^2}{8m}\left(\frac{3N}{\pi V}\right)^{\frac{2}{3}} = \frac{\hbar^2}{2m}\left(\frac{3\pi^2 N}{V}\right)^{\frac{2}{3}} \equiv \epsilon_{\mathrm{F}} \tag{11-6}$$

となる．この値は，**フェルミエネルギー**と呼ばれている．$T=0\,(\beta=\infty)$ における系の平均のエネルギーは，

$$E = \sum_i \epsilon_i\,\bar{n}_i = 4\pi\left(\frac{2m}{h^2}\right)^{\frac{3}{2}}V\int_0^{\mu}\epsilon\epsilon^{\frac{1}{2}}\,d\epsilon = 4\pi\left(\frac{2m}{h^2}\right)^{\frac{3}{2}}V\frac{2}{5}\mu^{\frac{5}{2}}$$

$$= \frac{3}{2}N\mu^{-\frac{3}{2}}\frac{2}{5}\mu^{\frac{5}{2}} = \frac{3}{5}N\mu = \frac{3}{5}N\epsilon_{\mathrm{F}} \tag{11-7}$$

したがって，1電子あたり，$\frac{3}{5}\epsilon_{\mathrm{F}}$ の零点エネルギーを運動エネルギーとして有している．有限温度における平均のエネルギーは(計算省略)，

$$E(T) = \frac{3}{5}N\epsilon_{\mathrm{F}} + \frac{\pi^2}{6}D(\epsilon_{\mathrm{F}})(k_{\mathrm{B}}T)^2 \tag{11-8}$$

と近似できる．よって理想フェルミ気体の比熱は，

$$C_{\mathrm{V}} = \frac{\pi^2}{3}D(\epsilon_{\mathrm{F}})k_{\mathrm{B}}^2 T = \gamma T \tag{11-9}$$

と表すことができる．すなわち自由電子の比熱は温度に比例することとなる．電子にとっては，室温は十分低温なので，この近似は室温付近においても成り立つ．ここに現れる係数 γ は**電子比熱係数**と呼ばれている．多くの金属において，デバイ温度より十分低い温度での比熱は，

$$C_{\mathrm{V}} = \gamma T + \beta T^3 \tag{11-10}$$

と近似できる．ここで，

$$\gamma = \frac{\pi^2}{3} k_B^2 N \nu(\epsilon_F), \quad \text{ただし} \quad \nu(\epsilon_F) = \frac{D(\epsilon_F)}{N}$$

$$\beta = \frac{12}{5} \pi^2 N \frac{1}{\theta_D^2}, \quad \text{ただし} \quad \theta_D \text{ はデバイ温度}$$

である.

11.7　ボーズ統計の例：理想ボーズ気体のアインシュタイン凝縮

相互作用のない N 個のボーズ粒子からなる系を考える．1粒子状態を考え その基底状態のエネルギーを 0 にとる．ボーズ分布関数は，

$$f_{BE}(\epsilon) = \frac{1}{e^{\beta(\epsilon - \mu)} - 1}$$

であった．ここで，$\epsilon = 0$ にとると，

$$f_{BE}(0) = \frac{1}{e^{-\beta\mu} - 1}$$

となる．温度が $T \to 0$ のとき，すべての粒子は基底状態に入ると考えると，

$$f_{BE}(0) = \frac{1}{e^{-\beta\mu} - 1} = N, \quad (T \to 0 \text{ のとき})$$

と書ける．そのためには，$e^{-\beta\mu} > 1$ かつ $e^{-\beta\mu} \simeq 1$ となっている必要がある．

すなわち，$0 < -\beta\mu \ll 1$ となっている必要がある．このとき，

$$e^{-\beta\mu} \simeq 1 - \beta\mu$$

と近似できるから，

$$\frac{1}{1 - \beta\mu - 1} = N, \quad \therefore \mu = -\frac{1}{N\beta} \tag{11-11}$$

となる．いま，$N = 10^{22}$，$T = 1$ K とすると，$\mu = -1.38 \times 10^{-45}$ J となり，この値は基底状態のエネルギーに極めて近いことがわかる．

【補足】　周期境界条件を考えた場合の自由粒子のエネルギーは（式(7-3)），

$$\epsilon = \frac{h^2}{2mL^2}(n_x^2 + n_y^2 + n_z^2)$$ であるから，$\Delta \epsilon = \dfrac{h^2}{2mL^2}$ である

いま，ボーズ粒子として He を考えた場合，$m = 6.6 \times 10^{-27}$ kg，$L = 0.01$ m とすると $\Delta \epsilon = 3.3 \times 10^{-37}$ J である．すなわち，$|\mu|$ は $\Delta \epsilon$ の 10^{-8} 倍という小さな値である．

　上記の μ を用いて，ある有限温度における基底状態をとる粒子数 N_0 と励起状態をとる粒子数 N_e を以下に求めていく．ここで $N = N_0 + N_e$ である．まず，N_e であるが，

$$N_e = \int_0^\infty D(\epsilon) f_{BE}(\epsilon)\, d\epsilon$$

と表すことができる．ここで，

$$D(\epsilon) = 2\pi \left(\frac{2m}{h^2}\right)^{\frac{3}{2}} V \epsilon^{\frac{1}{2}}$$

であるから，

$$N_e = 2\pi \left(\frac{2m}{h^2}\right)^{\frac{3}{2}} V \int_0^\infty \frac{\epsilon^{\frac{1}{2}}}{e^{\beta(\epsilon-\mu)}-1}\, d\epsilon$$

$$= 2\pi \left(\frac{2m}{h^2}\right)^{\frac{3}{2}} V \left(\frac{1}{\beta}\right)^{\frac{3}{2}} \int_0^\infty \frac{x^{\frac{1}{2}}}{\lambda^{-1}e^x - 1}\, dx \qquad (11\text{-}12)$$

となる．ここで，$\beta\epsilon = x$，$e^{\beta\mu} = \lambda$ である．一方で，

$$N_0 = f_{BE}(0) = \frac{1}{e^{-\beta\mu}-1} = \frac{1}{\lambda^{-1}-1}$$

であるから，N_0 が大きな値をとるためには，$\lambda \simeq 1$ でなければならない．したがって，式(11-12)において $\lambda = 1$ とおいてよい．このようにすると，式(11-12)の積分は，

$$I = \int_0^\infty \frac{x^{\frac{1}{2}}}{\lambda^{-1} e^x - 1} \, dx = \int_0^\infty \frac{x^{\frac{1}{2}} e^{-x}}{1 - e^{-x}} \, dx$$

$$= \int_0^\infty x^{\frac{1}{2}} e^{-x} (1 + e^{-x} + e^{-2x} + \cdots) \, dx$$

$$= \sum_{s=1}^\infty \int_0^\infty x^{\frac{1}{2}} e^{-sx} \, dx$$

と書ける．ここで，$sx = y$ とおくと，

$$I = \sum_{s=1}^\infty \left(\frac{1}{s}\right)^{\frac{3}{2}} \int_0^\infty y^{\frac{1}{2}} e^{-y} \, dy$$

となるが，前式の積分はガウス積分から，$\displaystyle\int_0^\infty y^{\frac{1}{2}} e^{-y} \, dy = \frac{\sqrt{\pi}}{2}$ と表せる．また，

$$\sum_{s=1}^\infty \left(\frac{1}{s}\right)^{\frac{3}{2}} = \zeta\left(\frac{3}{2}\right) = 2.612$$

であるから，

$$I = 2.612 \times \frac{\sqrt{\pi}}{2}$$

となる．したがって，

$$N_e = 2.612 \left(\frac{2\pi m}{\beta h^2}\right)^{\frac{3}{2}} V = 2.612 \frac{V}{\Lambda^3}$$

ここで，Λ は熱的ド・ブロイ波長である．いま，アインシュタイン凝縮温度 T_E を $N_e = N$ となる温度とすると，

$$\frac{2\pi m}{\beta_E h^2} = \left(\frac{N}{2.612\,V}\right)^{\frac{2}{3}} V \quad \therefore T_E = \frac{h^2}{2\pi k_B m}\left(\frac{N}{2.612\,V}\right)^{\frac{2}{3}} V$$

となる．ヘリウムの場合，前式から求まるアインシュタイン凝縮温度は，$T_E = 3.1\,\mathrm{K}$ である．これに対して，$^4\mathrm{He}$ の超流動転移温度は $2.17\,\mathrm{K}$ であり，計算により求まる T_E と近い値をとることがわかる．このことから，超流動状態はボーズ粒子であるヘリウムがアインシュタイン凝縮した状態であると考えられている．アインシュタイン凝縮温度を用いると，

$$\frac{N_e}{N} \simeq \left(\frac{\beta_E}{\beta}\right)^{\frac{2}{3}} = \left(\frac{T}{T_E}\right)^{\frac{2}{3}}$$

のように近似することができる．すなわち，励起状態をとる粒子数は温度の上昇とともに増加し，アインシュタイン凝縮温度ですべての粒子が励起状態となる．

12回

古典近似

　ここでは，カノニカルアンサンブルに対する，古典統計力学の取り扱いを簡単に紹介する.

12.1　古典近似における分配関数

　カノニカルアンサンブルに現れる分配関数は，取り得るすべての量子状態についての和として，

$$Z_{\mathrm{C}}(N, V, T) = \sum_{i=1}^{\infty} e^{-\beta E_i}$$

のように表すことができた. これに対応するものとして，古典統計では，

$$Z_{\mathrm{classic}} = c \iint e^{-\beta H} \, dp \, dq$$

を使う. ここで，p は運動量，q は座標である. すなわち，古典統計では分配関数は位相空間における積分により求められる（古典力学では，系の状態は位相空間における座標として表される）. また，H はハミルトニアン（運動量と座標で表されたエネルギー）であり，c は量子統計と古典統計の結果を合わせるための定数である. 自由度が f の場合，

$$c = \frac{1}{h^f}$$

と書ける. このことを例を用いて示す.

(**例1**)   1次元調和振動子(自由度1)を考える．そのハミルトニアンは，

$$H = \frac{p^2}{2m} + \frac{1}{2}kx^2$$

であるから，

$$Z_{\text{classic}} = c\int_{-\infty}^{\infty} e^{-\frac{1}{2}kx^2\beta}\,dx\int_{-\infty}^{\infty} e^{-\frac{1}{2m}p^2\beta}\,dp = c\sqrt{\frac{2\pi}{k\beta}}\sqrt{\frac{2\pi m}{\beta}} = \frac{c2\pi}{\omega\beta}$$

となる．一方，量子統計では，式(8-11)で示したように，

$$Z_{\text{quantum}} = e^{-\frac{1}{2}\beta\hbar\omega}\frac{1}{1 - e^{-\beta\hbar\omega}}$$

となる．古典極限は $T \to \infty (\beta \to 0)$ であり，このとき $e^{-\frac{1}{2}\beta\hbar\omega} \to 1$, $1 - e^{-\beta\hbar\omega}$ $\to \beta\hbar\omega$ であるから，

$$Z_{\text{quantum}} = \frac{1}{\beta\hbar\omega}$$

となる．ここで，$c = \frac{1}{h}$ とすると，$Z_{\text{classic}} = Z_{\text{quantum}}$ となる．

(**例2**)   箱の中の自由粒子(自由度3)のハミルトニアンは，

$$H = \frac{1}{2m}(p_x^2 + p_y^2 + p_z^2) + U(x, y, z),\ \ U = 0\ \text{箱の中},\ \ U = \infty\ \text{箱の外}$$

と表せる．したがって古典的分配関数は，

$$Z_{\text{classic}} = c\int e^{-\frac{\beta}{2m}(p_x^2 + p_y^2 + p_z^2)}\,dp_x\,dp_y\,dp_z\int e^{-\beta U}\,dx\,dy\,dz = c\left(\frac{2\pi m}{\beta}\right)^{\frac{3}{2}}V$$

となる．一方，量子統計では，式(7-8)に示すように，

$$Z_{\text{quantum}} = \left(\frac{2\pi m}{\beta h^2} \right)^{\frac{3}{2}} V$$

であった．$c = \dfrac{1}{h^3}$ とすると，$Z_{\text{classic}} = Z_{\text{quantum}}$ となる．

このように，自由度 f の系における古典的分配関数は下記のように表せる．

$$Z_{\text{classic}} = \frac{1}{h^f} \iint e^{-\beta H} \, dp \, dq \tag{12-1}$$

12.2　古典統計の例：電気双極子の分極

体積 V の中に N 個の**電気双極子**がある．例えば，HCl ガスを思い浮かべてみると各分子は電気双極子と見なすことができる．各双極子の双極子モーメントの大きさを μ とする．双極子間の相互作用は無視できるとして，電場 E が作用した場合の分極の大きさを求めることにする．

1 つの双極子の分配関数を z_C とすると，十分高温では系の分配関数は $Z_C = \dfrac{z_C^N}{N!}$ と表すことができる．並進運動と回転運動だけを考えることにすると，z_C は $z_C = z_{\text{translation}} \cdot z_{\text{rotation}}$ と表される．

並進運動の分配関数 $z_{\text{translation}}$ は単原子の場合と同じであり（式(7-8)），

$$z_{\text{translation}} = \left(\frac{2\pi m}{\beta h^2} \right)^{\frac{3}{2}} V$$

となる．回転運動の分配関数 z_{rotation} を求めるには，回転に対するハミルトニアンが必要であり，それは次のように表すことができる．

$$H_{\text{rotation}} = \frac{p_\theta^2}{2I} + \frac{p_\phi^2}{2I \sin^2 \theta} + u(\theta)$$

ここで，最初の 2 項は運動エネルギーであり，I は回転の慣性モーメント，

p_θ, p_ϕ は極座標 θ, ϕ に共役な運動量である．また，$u(\theta)$ はポテンシャルエネ
ルギーであり，

$$u(\theta) = -\mu E \cos \theta$$

と表すことができる．回転の分配関数 z_rotation は，

$$z_\text{rotation} = \frac{1}{h^2} \int_0^{2\pi} d\phi \int_0^\pi d\theta \int_{-\infty}^\infty dp_\phi \int_{-\infty}^\infty dp_\theta \, e^{-\beta H}$$

である．これに，上記のハミルトニアンを代入して計算すると，

$$z_\text{rotation} = \frac{1}{h^2} 2\pi \sqrt{\frac{2\pi I}{\beta}} \int_0^\pi \sqrt{\frac{2\pi I \sin^2 \theta}{\beta}} \, e^{\beta \mu E \cos \theta} \, d\theta$$

$$= \frac{1}{h^2} \frac{4\pi^2 I}{\beta} \int_0^\pi \sin \theta \, e^{\beta \mu E \cos \theta} \, d\theta$$

となる．ここで，$\beta \mu E \cos \theta = t$ とおくと，

$$z_\text{rotation} = \frac{I}{\hbar^2 \beta} \frac{1}{\beta \mu E} \int_{-\beta \mu E}^{\beta \mu E} e^t \, dt = \frac{I}{\hbar^2 \beta} \frac{1}{\beta \mu E} (e^{\beta \mu E} - e^{-\beta \mu E})$$

$$= \frac{I}{\hbar^2 \beta} \frac{2}{\beta \mu E} \sinh(\beta \mu E)$$

となる．したがって，系の分配関数は，

$$Z_\text{C} = \left(\left(\frac{2\pi m}{\beta h^2} \right)^{\frac{3}{2}} V \frac{I}{\hbar^2 \beta} \frac{2}{\beta \mu E} \sinh(\beta \mu E) \right)^N \frac{1}{N!}$$

となる．これより，系のヘルムホルツ自由エネルギーは，

$$F = -k_\text{B} T \log Z_\text{C}$$

$$= -N k_\text{B} T \log \left(\left(\frac{2\pi m}{\beta h^2} \right)^{\frac{3}{2}} V \frac{I}{\hbar^2 \beta} \frac{2}{\beta \mu E} \sinh(\beta \mu E) \right) - k_\text{B} T (-N \log N + N)$$

となる．分極の大きさはヘルムホルツ自由エネルギーから直ちに求まる．分極の大きさを P とすると，

$$P = \frac{1}{V}\left(-\frac{\partial F}{\partial E}\right)_{T,V,N} = \frac{Nk_{\mathrm{B}}T}{V}\frac{\partial}{\partial E}\left(-\log E + \log\sinh\left(\beta\mu E\right)\right)$$

$$= \frac{N\mu}{V}\left(-\frac{k_{\mathrm{B}}T}{\mu E} + \coth\left(\frac{\mu E}{k_{\mathrm{B}}T}\right)\right)$$

となる．いま，$\alpha = \dfrac{\mu E}{k_{\mathrm{B}}T}$ とおくと，

$$P = \frac{N\mu}{V}\left(\coth\alpha - \frac{1}{\alpha}\right) = \frac{N\mu}{V}L\left(\alpha\right)$$

として，分極の大きさが求まる．ここで，$L\left(\alpha\right)$ は**ランジュバン関数**と呼ばれている．$\alpha \ll 1$ のときは，$L\left(\alpha\right) \simeq \dfrac{\alpha}{3}$ と近似できる．このとき，

$$P = \frac{N\mu}{V}\frac{\alpha}{3} = \frac{N\mu}{V}\frac{\mu E}{3k_{\mathrm{B}}T}$$

となる．したがって帯電率は，

$$\chi = \frac{P}{E} = \frac{N\mu^{2}}{3Vk_{\mathrm{B}}}\frac{1}{T}$$

のように表すことができる．帯電率が温度の逆数に比例するというキュリーの法則であり，その係数は**キュリー定数**と呼ばれている．

【補足】 上記の計算では，並進運動による分配関数も考えているが，双極子の並進運動は電場の影響を受けないため並進運動を省略しても，同じ分極の大きさを求めることができる．

13 回

演習問題(Ⅰ)

13.1　固体と気体の熱平衡

温度 T, 体積 V の密閉容器の中で同種原子からなる固相と気相が平衡している. いま, 気相を理想気体と見なして, その平衡圧力がどのように表されるか考える.

固相を構成する原子数を N_s とし, 固相を構成する1つの原子の分配関数を z_s とする. いま, 固相の分配関数は, $Z_s = (z_s)^{N_s}$ で表せると仮定すると, 固相のヘルムホルツ自由エネルギーは,

$$F_s = -k_B T \log Z_s = -k_B T N_s \log z_s$$

と表すことができる. また, 気相を構成する原子数を N_g とし, 1つの原子の分配関数を z_g とすると, 気相の分配関数は古典統計(修正ボルツマン統計)では, $Z_g = (z_g)^{N_g}/N_g!$ と表すことができる. よって, 気相のヘルムホルツ自由エネルギーは,

$$F_g = -k_B T \log Z_g = -k_B T N_g (\log z_g - \log N_g + 1)$$

となる(スターリングの公式を使っている). したがって, 固相と気相を含めた系全体のヘルムホルツ自由エネルギーは,

$$F = F_s + F_g = -k_B T (N_s \log z_s + N_g \log z_g - N_g \log N_g + N_g)$$

と表すことができる. 容器内にある全粒子数 $N = N_s + N_g$ は一定である. 系が平衡状態にあるとき, ヘルムホルツ自由エネルギーは最小になっているから,

$$0 = \left(\frac{\partial F}{\partial N_g}\right)_{N,V,T} = -k_B T (\log z_g - \log N_g - \log z_s)$$

$$\therefore N_g = \frac{z_g}{z_s}$$

131

となる．ここで，理想気体では $pV = k_B N_g T$ であるから，

$$p = \frac{k_B T N_g}{V} = \frac{k_B T}{V} \frac{z_g}{z_s}$$

と表すことができる．

　いま，固相として，アインシュタインモデルをとり，1個の原子を固相から引きはがして，気相に繰り込むために必要なエネルギーを ϕ で表すことにする（1モルあたりに換算すると昇華熱に対応する）．この際の，固相原子1個あたりの分配関数 z_s は，次のように表せる．

$$z_s = e^{\beta\phi}\left(2\sinh\frac{\beta\hbar\omega}{2}\right)^{-3}$$

ここで，1つの調和振動子の分配関数は式(8-11)より $\left(2\sinh\dfrac{\beta\hbar\omega}{2}\right)^{-1}$ で表されることを利用している．また，1つの原子の振動は3つの自由度があるので，3乗してある．さらに，固相は，気相に比べて ϕ だけエネルギーが低いため，固相のエネルギーとしては，$-\phi$ を組み込んである．一方で，理想気体の1つの原子の分配関数は，

$$z_g = \left(\frac{2\pi m}{\beta h^2}\right)^{\frac{3}{2}} V$$

であった．したがって，熱平衡状態における圧力は，

$$p = \frac{k_B T}{V}\frac{z_g}{z_s} = k_B T\left(\frac{2\pi m k_B T}{h^2}\right)^{\frac{3}{2}}\left(2\sinh\frac{\hbar\omega}{2k_B T}\right)^3 e^{\frac{-\phi}{k_B T}} \tag{13-1}$$

のように表すことができる．

13.2　ゴム弾性の簡単なモデル

　1次元の鎖を用いて，簡単な**ゴム弾性**のモデルを考える．**図13-1** のように，1次元の鎖を考える．鎖を構成する要素の長さは a であり，鎖は全部で $n\,(\gg 1)$ 個の要素

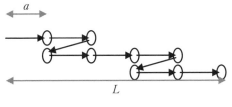

図 13-1

から構成されている．鎖の全長を L とする．鎖は，1 次元的につながっており，長さ方向に右向き $(\rightarrow)$ あるいは左向き $(\leftarrow)$ につらなっている．鎖の関節は自由に折れ曲がることができる．系の内部エネルギーは鎖の配置の仕方に依存しないと仮定する．温度 T において鎖の長さを L に保つために，両端に加えなければならない力を求めたい．

右向きの鎖の数を n_{r}，左向きの鎖の数を n_{l} とすると，

$$n = n_{\mathrm{r}} + n_{\mathrm{l}}, \quad L = (n_{\mathrm{r}} - n_{\mathrm{l}})a$$

であるから，

$$n_{\mathrm{r}} = \frac{na + L}{2a}, \quad n_{\mathrm{l}} = \frac{na - L}{2a}$$

と表すことができる．L が決まると，$n_{\mathrm{r}}, n_{\mathrm{l}}$ の値が決まる．$n_{\mathrm{r}}, n_{\mathrm{l}}$ が決まったとき，鎖の配置の仕方は，

$$\Omega = \frac{n!}{n_{\mathrm{r}}! \, n_{\mathrm{l}}!}$$

で与えられる．したがって，エントロピーは長さ L の関数として次のように表せる．

$$
\begin{aligned}
S = k_{\mathrm{B}} \log \Omega &= k_{\mathrm{B}}(n \log n - n_{\mathrm{r}} \log n_{\mathrm{r}} - n_{\mathrm{l}} \log n_{\mathrm{l}}) \\
&= n k_{\mathrm{B}} \left(\log 2 - \frac{1}{2}\left(1 + \frac{L}{na}\right) \log \left(1 + \frac{L}{na}\right) \right. \\
&\quad \left. - \frac{1}{2}\left(1 - \frac{L}{na}\right) \log \left(1 - \frac{L}{na}\right) \right)
\end{aligned}
$$

張力 f は，ヘルムホルツ自由エネルギー $F = E - TS$ を用いて，

$$f = \left(\frac{\partial F}{\partial L}\right)_T = -T\left(\frac{\partial S}{\partial L}\right)_T$$

と表すことができる．ここで，内部エネルギー E は，長さに依存しないと仮定している．上記のエントロピーを代入すると，

$$f = \frac{k_{\mathrm{B}}T}{2a}\,\log\frac{1+\dfrac{L}{na}}{1-\dfrac{L}{na}}$$

のように表される（**図 13-2**）．特に，$\dfrac{L}{na} \ll 1$ のときには，

$$f = \frac{k_{\mathrm{B}}T}{na^2}L + \cdots \tag{13-2}$$

のように展開できる．すなわち，力は長さに比例することになる（フックの法則）．また，その係数は，温度に比例することがわかる．すなわち，高温ほど硬くなる．

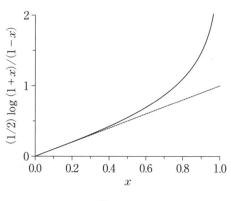

図 13-2

13.3 2原子分子

ここでは，**2原子分子**についてもう少し詳しく取り扱う．2原子分子は，その構成原子が同種原子であるか(例えば H_2, O_2, N_2 など)異種原子であるか(例えば CO, NO, HCl など)により，取り扱いが少し異なる．なぜなら，同種原子は本質的に区別することができないからである．まずは，異種原子から構成された2原子分子を取り扱い，その後同種原子の場合に拡張することにする．

N 個の2原子分子からなる系を考える．十分に高温においては(この議論は単原子理想気体，7回で行った)，この系の分配関数 Z_C は，1つの分子の分配関数 z_C を用いて，

$$Z_C = \frac{z_C{}^N}{N!}$$

のように表すことができる．1つの分子の分配関数 z_C を求めるにはそのエネルギー固有値が必要である．2原子分子のハミルトニアンならびにエネルギー固有値は，次のように表すことができる．

$$H = H_t + H_v + H_r + H_e$$
$$\epsilon = \epsilon_t + \epsilon_v + \epsilon_r + \epsilon_e$$

ここでは，H_t, H_v, H_r, H_e はそれぞれ，並進運動，振動，回転，電子状態に対応するハミルトニアンである．

並進運動，振動，回転，電子状態は互いに独立であると考えることができるので，z_C は以下の式となる．

$$z_C = z_t \cdot z_v \cdot z_r \cdot z_e$$

これらのうち，z_t は単原子理想気体の場合とほぼ同様に取り扱うことができ(式(7-8))，次のように表すことができる．

$$z_t = \left(\frac{2\pi (m_1 + m_2) k_B T}{h^2} \right)^{\frac{3}{2}} V$$

ここで, m_1, m_2 は2種類の原子の質量である. z_e は, 基底状態と励起状態との間に大きなエネルギーギャップがある場合は, 考慮する必要はないので, ここでは取り扱わないことにする（ただし, 非常に高温では, 励起状態をとる確率を無視することができなくなるので, 電子状態に対するハミルトニアンも考慮する必要がある）. 2原子分子における我々の主な興味の対象は振動ならびに回転である.

13.3.1　振動項について

2原子分子の振動モードは1つだけである. この振動に関連する一般化座標は原子間距離 r である. いま原子間のポテンシャルが次のように平衡位置からの距離の2乗に比例すると仮定する.

$$u = \frac{1}{2} f (r - r_0)^2$$

原子1, 2の中心を結ぶ直線上に座標軸をとり, 原子1, 2の座標をそれぞれ ξ_1, ξ_2 と表すことにすると,

$$u = \frac{1}{2} f (\xi_2 - \xi_1 - r_0)^2$$

となる. したがって, 古典的に考えた場合の原子1ならびに2の運動方程式は,

$$m_1 \ddot{\xi}_1 = - \frac{\partial u}{\partial \xi_1} = f (\xi_2 - \xi_1 - r_0)$$

$$m_2 \ddot{\xi}_2 = - \frac{\partial u}{\partial \xi_2} = - f (\xi_2 - \xi_1 - r_0)$$

となる. ここで, 1つ目の式の両辺に $- m_2$ を掛け, 2つ目の式の両辺に m_1 を掛けて加えると,

$$m_1 m_2 (\ddot{\xi}_2 - \ddot{\xi}_1) = - f (m_1 + m_2)(\xi_2 - \xi_1 - r_0)$$

ここで,

$$x = r - r_0, \quad \mu = \frac{m_1 m_2}{m_1 + m_2}$$

とおくと，上式は次のように表すことができる．

$$\mu \ddot{x} = -fx$$

この微分方程式は，簡単に解くことができ，その固有角振動数は次式で与えられる．

$$\omega = \sqrt{\frac{f}{\mu}}$$

量子力学では，調和振動子のエネルギー固有値はその角振動数を用いて，

$$\epsilon_n = \left(n + \frac{1}{2}\right)\hbar\omega, \quad (n = 0, 1, 2, \ldots)$$

のように表される（式(4-4)と式(8-9)）．したがって，以前求めたように，振動の分配関数は次のようになる（式(8-11)）．

$$z_{\mathrm{v}} = e^{-\frac{1}{2}\beta\hbar\omega} \frac{1}{1 - e^{-\beta\hbar\omega}}$$

いま，特性温度として $\theta_{\mathrm{v}} = \hbar\omega/k_{\mathrm{B}}$ を導入すると，

$$z_{\mathrm{v}} = e^{-\frac{\theta_{\mathrm{v}}}{2T}} \frac{1}{1 - e^{-\frac{\theta_{\mathrm{v}}}{T}}}$$

この分配関数から，すぐに振動エネルギーと熱容量が次式のように求まる（4.2節を参照）．

$$E_{\mathrm{v}} = Nk_{\mathrm{B}}T^2 \frac{\partial \log z_{\mathrm{v}}}{\partial T} = Nk_{\mathrm{B}}\left(\frac{\theta_{\mathrm{v}}}{2} + \frac{\theta_{\mathrm{v}}}{e^{\frac{\theta_{\mathrm{v}}}{T}} - 1}\right)$$

$$C_{\mathrm{v}} = \left(\frac{\partial E_{\mathrm{v}}}{\partial T}\right)_N = Nk_{\mathrm{B}}\left(\frac{\theta_{\mathrm{v}}}{T}\right)^2 \frac{e^{\frac{\theta_{\mathrm{v}}}{T}}}{\left(e^{\frac{\theta_{\mathrm{v}}}{T}} - 1\right)^2}$$

さて，ここで θ_{v} の値は，スペクトル解析により実験的に求められており，その値は CO の場合 3070 K，HCl の場合は 4140 K である．この値は，格子振動において現れた金属のデバイ温度より1桁大きい．これは，固有角振動数が大きいことを意味

する．なぜ固有角振動数が大きいかというと，分子結合は金属結合に比べてはるか
に強いからである．

　COの場合に，基底状態に比べて励起状態がどの程度あるかを考えてみる．基底
状態（$n=0$）のエネルギーは $\dfrac{1}{2}\hbar\omega$ である．第一励起状態（$n=1$）のエネルギーは
$\dfrac{3}{2}\hbar\omega$ である．したがって，基底状態に対する，第一励起状態の存在割合は，

$\dfrac{e^{-\frac{3}{2}\hbar\omega\beta}}{e^{-\frac{1}{2}\hbar\omega\beta}}=e^{-\hbar\omega\beta}$ で表される．ここで，$\hbar\omega=k_{\mathrm{B}}\theta_{\mathrm{v}}$ であるから，$\hbar\omega\beta=\dfrac{k_{\mathrm{B}}\theta_{\mathrm{v}}}{k_{\mathrm{B}}T}=\dfrac{\theta_{\mathrm{v}}}{T}$ で

ある．$T=300\,\mathrm{K}$ において，$\dfrac{\theta_{\mathrm{v}}}{T}=10.2$ である．したがって，第一励起状態の存在割
合は $e^{(-10.2)}=3.7\times10^{-5}$ となる．室温付近では，ほぼ基底状態にあると考えてよ
い．これに対して，$2000\,\mathrm{K}$（高炉内の温度）では $\dfrac{\theta_{\mathrm{v}}}{T}=1.53$ である．したがって，第一
励起状態の存在割合は $e^{(-1.53)}=0.22$ となり，励起状態にあるCOが高い頻度で出現
することがわかる．

13.3.2　回転項について

　量子力学によると，角運動量の固有値Lは次のように表される．

$$L^2=l(l+1)\hbar^2,\quad (l=0,1,2,\ldots)$$

これより，回転運動のエネルギー固有値は，慣性モーメントIを用いて次のように表
せる．

$$\epsilon_l=\frac{L^2}{2I}=\frac{l(l+1)\hbar^2}{2I},\quad (l=0,1,2,\ldots)$$

さて，各エネルギー固有値は $(2l+1)$ だけ縮退している（例えば $l=1$（p軌道に対応）
の場合，磁気量子数として $-1,0,1$ の状態がとれる）．したがって，1分子の回転に
よる分配関数は，

$$z_{\mathrm{r}}=\sum_{l=0}^{\infty}(2l+1)e^{-\frac{l(l+1)\hbar^2}{2Ik_{\mathrm{B}}T}}=\sum_{l=0}^{\infty}(2l+1)e^{-\frac{l(l+1)\theta_{\mathrm{r}}}{T}}$$

のようになる．ここで，

$$\theta_r = \frac{\hbar^2}{2Ik_B}$$

である．θ_r の値は CO では 2.77 K，HCl では 15.2 K である．このことは，室温(300 K)は回転の特性温度 θ_r に比べて，十分に高温であることがわかる．このような高温状態において，我々は l の和を以下のように積分で置き換えることができる．

$$z_r = \int_0^\infty (2l+1)e^{-\frac{l(l+1)\theta_r}{T}}\,dl$$

ここで，$l(l+1)\theta_r/T = t$ とおくと，$(2l+1)\theta_r/Tdl = dt$ なので，

$$z_r = \frac{T}{\theta_r}\int_0^\infty e^{-t}\,dt = \frac{T}{\theta_r} = \frac{2Ik_BT}{\hbar^2} \tag{13-3}$$

となる．この結果は電気双極子の回転の分配関数において電場を零とした結果と一致している(古典論からの導出結果と量子論からの導出結果が同じ)．

ここまでは，異なる原子からなる2原子分子を取り扱った．同一原子の場合，分配関数は同じ状態をダブルカウントしている．すなわち，1-2 の配置と 2-1 の配置を別々に数えている．そのため，同一原子からなる分子の場合は $2! = 2$ で割る必要がある．そこで，新たに変数 σ を導入し，同一原子では $\sigma = 2$，異種原子では $\sigma = 1$ とすると，

$$z_r = \frac{T}{\sigma\theta_r} = \frac{2Ik_BT}{\sigma\hbar^2} \tag{13-4}$$

と表せる．系の回転による分配関数は，

$$Z_r = z_r^N = \left(\frac{T}{\sigma\theta_r}\right)^N = \left(\frac{2Ik_BT}{\sigma\hbar^2}\right)^N$$

となる．これより，ヘルムホルツ自由エネルギー，内部エネルギー，エントロピー，比熱は下記のように求まる．

$$F_{\mathrm{r}} = - k_{\mathrm{B}} T \log Z_{\mathrm{r}} = - N k_{\mathrm{B}} T \log \left(\frac{T}{\sigma \theta_{\mathrm{r}}} \right)$$

$$E_{\mathrm{r}} = k_{\mathrm{B}} T^2 \left(\frac{\partial \log Z_{\mathrm{r}}}{\partial T} \right)_N = N k_{\mathrm{B}} T$$

$$S_{\mathrm{r}} = \frac{E_{\mathrm{r}} - F_{\mathrm{r}}}{T} = N k_{\mathrm{B}} \log \left(\frac{Te}{\sigma \theta_{\mathrm{r}}} \right)$$

$$C_{\mathrm{V}} = \left(\frac{\partial E_{\mathrm{r}}}{\partial T} \right)_N = N k_{\mathrm{B}}$$

　最後に，高温の場合における比熱について述べる．2原子分子の，並進運動，振動，回転による高温での比熱の値は上記の結果から，それぞれ $3/2 \cdot N k_{\mathrm{B}}$, $N k_{\mathrm{B}}$, $N k_{\mathrm{B}}$ となる．トータルすると $7/2 N k_{\mathrm{B}}$ となる．1自由度あたり $1/2 \cdot N k_{\mathrm{B}}$ となることを理解してほしい．

14回

演習問題(Ⅱ)

　本書で取り扱った内容をより深く理解するためにいくつかの演習問題を用意したので各自で解いてほしい.

【問題1】　ミクロカノニカルアンサンブルの方法により, エネルギー E, 体積 V ならびに気体分子の数 N がいずれも一定の理想気体(同一分子)を考える. この系の i 状態の気体分子の数を求めよ. また, エントロピーを求めよ.

【問題2】　箱型ポテンシャル内部に自由粒子がある場合の状態数を, 量子数 (n_x, n_y, n_z), 波数 (k_x, k_y, k_z), エネルギー(1粒子のエネルギー ϵ), 波長(λ), 振動数(ν), 角周波数(ω)を用いて表せ.

【問題3】　自由粒子が**周期境界条件**(cyclic boundary condition)を満たす場合の状態数を, 問題2で示した物理量で表せ.

【問題4】　「7回：カノニカルアンサンブル」において述べた理想気体の分配関数を量子数をそのまま用いて求めよ.

【問題5】　温度が等しく, それぞれ N_1, N_2 個の分子からなる, 体積 V_1, V_2 の異なる2種類の理想気体がある. 気体が分離されているときのエントロピーと, 混合されて体積 $V(= V_1 + V_2)$ の混合気体となったときのエントロピーとの差を求めよ.

【問題6】　粒子数 N が一定のカノニカルアンサンブルにおいて, 分配関数 $Z_C(N, V, T)$ は温度と体積を独立とした関数になるが, 温度と圧力を独立変数とする分配関数 $Z_{Gibbs}(N, p, T)$ も定義することができ,

$$Z_{Gibbs}(N, p, T) = \int_0^\infty Z_C(N, V, T) e^{-pV/k_B T}\, dV$$

と表される. また, 粒子数 N も可変のグランドカノニカルアンサンブルの場合, 化学ポテンシャル μ を用いて大きな分配関数 $Z_G(\mu, V, T)$ は,

$$Z_{\mathrm{G}}(\mu, V, T) = \sum_{N=0}^{\infty} Z_{\mathrm{C}}(N, V, T) \, e^{\mu N / k_{\mathrm{B}} T}$$

と表される. このときの理想気体に対して $Z_{\mathrm{Gibbs}}(N, p, T)$ および $Z_{\mathrm{G}}(\mu, V, T)$ を求めよ.

【問題7】 理想気体に対し, $F = -k_{\mathrm{B}} T \log Z_{\mathrm{C}}(N, V, T)$, $G = F + pV = N\mu$ を用いて $G(N, p, T) = -k_{\mathrm{B}} T \log Z_{\mathrm{Gibbs}}(N, p, T)$, $pV = k_{\mathrm{B}} T \log Z_{\mathrm{G}}(\mu, V, T)$ を示せ.

【問題8】 フェルミ統計に従う理想気体のヘルムホルツの自由エネルギー F は, 多項式展開により以下のように近似することができる(各自導こう).

$$F(N, V, T) = \frac{3}{5} N\mu_0 \left\{ 1 - \frac{5}{12} \pi^2 \left(\frac{k_{\mathrm{B}} T}{\mu_0} \right)^2 \right\}$$

また, 内部エネルギーは,

$$E = -\left\{ \frac{\partial}{\partial \beta} (\log Z) \right\}_{N, V} = k_{\mathrm{B}} T^2 \left\{ \frac{\partial}{\partial T} (\log Z) \right\}_{N, V}$$

で表すことができ, $T = 0$ のときは,

$$E(N, V, 0) = \frac{3}{5} N\mu_0$$

となる. この $F(N, V, T)$ から, 内部エネルギー, 比熱を求めよ.

【演習問題の解答】

【問題1】 E 一定，V 一定ならびに N 一定の孤立系を考える(**図14-1**)．また，理想気体なので1粒子近似が適応できる(同一粒子から構成されているとする)．

　図14-2に1粒子エネルギー準位，エネルギー，縮退度ならびに粒子数を示した．

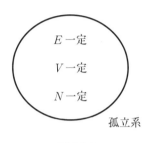

図 14-1

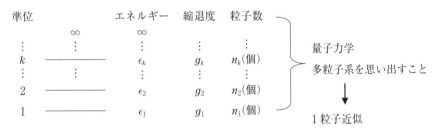

図 14-2

　図からわかるように，以下の条件が成り立つ．

$$\sum_{k=1}^{\infty} \epsilon_k\, n_k = E$$

$$\sum_{k=1}^{\infty} n_k = N$$

ここで，E と N は一定である．

粒子 N 個を各準位に分配する場合の数を W とすると，

$$W = \frac{N!}{n_1!\, n_2! \cdots n_\infty!}$$

となる．

また，n_k 個の粒子について g_k 個の可能な状態があるので，n_k 個の粒子について $g_k^{n_k}$ だけの場合がある．

さらに，W を $N!$ で割らなければならない．このことについては，カノニカルアンサンブルのところで述べた(式(6-12))．それを W_{cl} とすると，

$$W_{\mathrm{cl}} = \prod_{k=1}^{\infty} \frac{g_k^{n_k}}{n_k!}$$

となる(導出すること)．この W_{cl} を最大とする $\{n_k\}$ を求める問題となる．ここで W_{cl} の代わりに W_{cl} の対数をとることにする．すなわち，

$$\log W_{\mathrm{cl}} \tag{1}$$

とする．さらに以下の条件がある．

$$\sum_{k=1}^{\infty} n_k = N \quad (一定) \tag{2}$$

$$\sum_{k=1}^{\infty} \epsilon_k\, n_k = E \quad (一定) \tag{3}$$

したがって問題は，$\log W_{\mathrm{cl}}$ を(2)と(3)の条件の下で最大にする $\{n_k\}$ を求める問題となる．

そこで，ラグランジュの未定係数法を用いる．

$$\log W_{\mathrm{cl}} - \alpha\left(\sum_{k=1}^{\infty} n_k - N\right) - \beta\left(\sum_{k=1}^{\infty} \epsilon_k\, n_k - E\right)$$
$$= \log\left(\prod_{k=1}^{\infty} \frac{g_k^{n_k}}{n_k!}\right) - \alpha\left(\sum_{k=1}^{\infty} n_k - N\right) - \beta\left(\sum_{k=1}^{\infty} \epsilon_k\, n_k - E\right)$$

$$= \sum_{k=1}^{\infty} \left(\log \frac{g_k^{n_k}}{n_k!} - \alpha n_k - \beta \epsilon_k \, n_k \right) + \alpha N + \beta E$$

$$= \sum_{k=1}^{\infty} (\log g_k^{n_k} - \log n_k! - \alpha n_k - \beta \epsilon_k \, n_k) + \alpha N + \beta E$$

$$= \sum_{k=1}^{\infty} (n_k \log g_k - n_k(\log n_k - 1) - \alpha n_k - \beta \epsilon_k \, n_k) + \alpha N + \beta E$$

$$= f(n_1, n_2, \ldots, n_\infty, \alpha, \beta)$$

ここで，$\log n_k!$ はスターリングの公式 $(\log n_k! = n_k(\log n_k - 1))$ を用いた．これで，$n_1, n_2, \ldots, n_\infty, \alpha, \beta$ は独立変数となる．$\{n_k\}$ を求めるために，f を n_i, α, β で微分して，0 とおく $\left(\dfrac{\partial f}{\partial n_i} = 0 \right)$ と式（4）〜（6）が得られる．その n_i を n_i^* とする．

$$\log g_i - \log n_i^* - n_i^* \frac{1}{n_i^*} + 1 - \alpha - \beta \epsilon_i = 0 \tag{4}$$

$$\frac{\partial f}{\partial \alpha} = \sum_{i=1}^{\infty} n_i^* - N = 0 \tag{5}$$

$$\frac{\partial f}{\partial \beta} = \sum_{i=1}^{\infty} \epsilon_i \, n_i^* - E = 0 \tag{6}$$

式（4）を整理すると，$\dfrac{g_i}{n_i^*} = e^{\alpha + \beta \epsilon_i}$ なので，

$$\frac{n_i^*}{g_i} = e^{-\alpha - \beta \epsilon_i} \tag{7}$$

となる．これは，i 準位エネルギーの属する粒子の状態は g_i 個あるが，その一状態あたりの平均粒子数を表している．$e^{-\alpha}$ の値について式（7）と（5）を用いて以下に計算をすると，

$$\sum_{i=1}^{\infty} n_i^* = \sum_{i=1}^{\infty} g_i \, e^{-\alpha - \beta \epsilon_i} = e^{-\alpha} \sum_{i=1}^{\infty} g_i \, e^{-\beta \epsilon_i} = N$$

から $e^{-\alpha} = \dfrac{N}{\sum_{i=1}^{\infty} g_i \, e^{-\beta \epsilon_i}}$ を得る．これを式（7）に代入して，

$$n_i^* = \frac{N g_i e^{-\beta\epsilon_i}}{\sum_{i=1}^{\infty} g_i e^{-\beta\epsilon_i}} \tag{8}$$

を得る．この式から，すべての物理量を計算することができる．例えば，式（8）を用いてエネルギー E を求めると，

$$E = \sum_{i=1}^{\infty} \epsilon_i n_i^* = \frac{N \sum_{i=1}^{\infty} \epsilon_i g_i e^{-\beta\epsilon_i}}{\sum_{i=1}^{\infty} g_i e^{-\beta\epsilon_i}} \tag{9}$$

となる．

　もう1つの値 β について，エントロピー S の計算を行い考察する．

　エントロピーについては，3回：3.3節「ミクロカノニカルアンサンブルのまとめ」を参照．

$$
\begin{aligned}
S &\equiv k_B \log W \simeq k_B \log W^* = k_B \log W_{cl}^* \\
&= k_B \sum_{i=1}^{\infty} (n_i^* \log g_i - n_i^* \log n_i^* + n_i^*) \\
&= k_B \sum_{i=1}^{\infty} n_i^* (\log g_i - \log n_i^* + 1) \\
&= k_B \sum_{i=1}^{\infty} n_i^* \left(\log \frac{g_i}{n_i^*} + 1 \right) \\
&= k_B \sum_{i=1}^{\infty} n_i^* (\log e^{\alpha + \beta\epsilon_i} + 1) \\
&= k_B \sum_{i=1}^{\infty} n_i^* (\alpha + \beta\epsilon_i + 1) \\
&= k_B \sum_{i=1}^{\infty} \alpha n_i^* + k_B \sum_{i=1}^{\infty} \beta n_i^* \epsilon_i + k_B \sum_{i=1}^{\infty} n_i^* \\
&= \alpha k_B N + \beta k_B E + k_B N \tag{10}
\end{aligned}
$$

式（10）から，$\left(\dfrac{\partial S}{\partial E} \right)_{N,V} = \dfrac{1}{T} = \beta k_B$ なので，$\beta = \dfrac{1}{k_B T}$ となる．

【問題2】　箱型ポテンシャル内部（3辺を L_x, L_y, L_z）に自由粒子がある場合の1粒子

のエネルギーを ϵ_{n_x, n_y, n_z} とする．また，量子数を (n_x, n_y, n_z) とし（n_x, n_y, n_z は正の整数），波数を (k_x, k_y, k_z) とする．

量子力学を参照すると，ϵ_{n_x, n_y, n_z} と波数は以下のように表される．

$$\epsilon_{n_x, n_y, n_z} = \frac{h^2}{8m}\left\{\left(\frac{n_x}{L_x}\right)^2 + \left(\frac{n_y}{L_y}\right)^2 + \left(\frac{n_z}{L_z}\right)^2\right\}$$

$$= \frac{\left(\frac{h}{2\pi}\right)^2}{2m}\left\{\left(\frac{\pi n_x}{L_x}\right)^2 + \left(\frac{\pi n_y}{L_y}\right)^2 + \left(\frac{\pi n_z}{L_z}\right)^2\right\}$$

$$k_x = \frac{\pi n_x}{L_x}, \quad k_y = \frac{\pi n_y}{L_y}, \quad k_z = \frac{\pi n_z}{L_z}$$

これらの式から，

$$k_x k_y k_z = \frac{\pi^3}{L_x L_y L_z} n_x n_y n_z \quad n_x n_y n_z = \frac{k_x k_y k_z}{\dfrac{\pi^3}{V}}$$

となる．最後の式において，左辺は実空間，右辺は逆格子空間になる．これを利用すると，波数空間での状態の数は以下のようになる．

（ⅰ）
$$g(k)\Delta k = \frac{1}{8}\Delta\left(\frac{4}{3}\pi k^3\right)\cdot\frac{V}{\pi^3}$$
$$= \frac{1}{8}\left(\frac{4}{3}\pi\cdot 3k^2\cdot\Delta k\right)\cdot\frac{V}{\pi^3}$$
$$= \frac{\pi}{2}k^2\cdot\Delta k\cdot\frac{V}{\pi^3}$$
$$= \frac{V}{2\pi^2}k^2\Delta k$$

1/8 の係数は n_x, n_y, n_z が正の整数であるため，k 空間でも 1/8 の体積になることより導かれる．

（ⅱ）$g(E)\Delta E = \dfrac{4\pi Vm}{h^3}\sqrt{2mE}\Delta E$ となる．

（ⅱ）の式は k と E の関係から以下のように求められる．

$$E = \frac{\hbar^2 k^2}{2m}$$

$$k = \sqrt{\frac{2mE}{\hbar^2}}$$

$$\Delta k = \frac{\frac{1}{2}\frac{2m}{\hbar^2}}{\sqrt{\frac{2mE}{\hbar^2}}}\Delta E = \frac{\frac{m}{\hbar^2}}{\sqrt{\frac{2mE}{\hbar^2}}}\Delta E$$

$$\frac{V}{2\pi^2}k^2\Delta k = \frac{V}{2\pi^2}\frac{2mE}{\hbar^2}\frac{\frac{m}{\hbar^2}}{\sqrt{\frac{2mE}{\hbar^2}}}\Delta E$$

$$= \frac{V}{2\pi^2}\frac{m}{\hbar^2}\sqrt{\frac{2mE}{\hbar^2}}\Delta E$$

$$= \frac{V}{2\pi^2}\frac{m}{\hbar^2}\frac{1}{\hbar}\sqrt{2mE}\Delta E$$

$$= \frac{Vm}{2\pi^2\hbar^3}\sqrt{2mE}\Delta E$$

$$= \frac{Vm}{2\pi^2\frac{h^3}{8\pi^3}}\sqrt{2mE}\Delta E$$

$$= \frac{4\pi Vm}{h^3}\sqrt{2mE}\Delta E$$

(ⅲ)　$g(\lambda)\Delta\lambda = -\frac{4\pi V}{\lambda^4}\Delta\lambda$ となる.

(ⅲ)の式は k と λ の関係から以下のように求められる.

$$k = \frac{2\pi}{\lambda}, \quad \Delta k = -\frac{2\pi}{\lambda^2}\Delta\lambda$$

$$\frac{V}{2\pi^2}k^2\Delta k = \frac{V}{2\pi^2}\frac{4\pi^2}{\lambda^2}\left(-\frac{2\pi}{\lambda^2}\right)\Delta\lambda$$

$$= -\frac{4\pi V}{\lambda^4}\Delta\lambda$$

(ⅳ)　$g(\nu)\Delta\nu = \frac{4\pi V}{c^3}\nu^2\Delta\nu$ となる.

（iv）の式は k と ν の関係から以下のように求められる.

$$\nu = \frac{c}{\lambda} = \frac{c}{\dfrac{2\pi}{k}} = \frac{kc}{2\pi}$$

$$k = \frac{2\pi}{c}\nu, \quad \Delta k = \frac{2\pi}{c}\Delta\nu$$

$$\frac{V}{2\pi^2}k^2\Delta k = \frac{V}{2\pi^2}\left(\frac{2\pi}{c}\nu\right)^2\frac{2\pi}{c}\Delta\nu$$

$$= \frac{4\pi V}{c^3}\nu^2\Delta\nu$$

（v）　$g(\omega)\Delta\omega = \dfrac{V\omega^2}{2\pi^2 c^3}\Delta\omega$ となる.

（v）の式は ν と ω の関係から以下のように求められる.

$$\omega = 2\pi f = 2\pi\nu, \quad \nu = \frac{\omega}{2\pi}$$

$$g(\nu)\Delta\nu = \frac{4\pi V}{c^3}\nu^2\Delta\nu$$

$$\frac{d\omega}{d\nu} = 2\pi, \quad d\nu = \frac{d\omega}{2\pi} = \frac{\Delta\omega}{2\pi}$$

$$g(\omega)\Delta\omega = \frac{4\pi V}{c^3}\left(\frac{\omega}{2\pi}\right)^2\frac{\Delta\omega}{2\pi}$$

$$= \frac{V\omega^2}{2\pi^2 c^3}\Delta\omega$$

（c は光速. 格子振動を扱う場合は c の代わりに v を使う）

【問題3】　周期境界条件を課した場合の自由粒子のエネルギーを以下に示した.

$$E_{n_x,n_y,n_z} = \frac{h^2}{2m}\left\{\left(\frac{n_x}{L_x}\right)^2 + \left(\frac{n_y}{L_y}\right)^2 + \left(\frac{n_z}{L_z}\right)^2\right\}$$

$$= \frac{\left(\dfrac{h}{2\pi}\right)^2}{2m}\left\{\left(\frac{2\pi n_x}{L_x}\right)^2 + \left(\frac{2\pi n_y}{L_y}\right)^2 + \left(\frac{2\pi n_z}{L_z}\right)^2\right\}$$

$$= \frac{\hbar^2}{2m}\left\{\left(\frac{2\pi n_x}{L_x}\right)^2 + \left(\frac{2\pi n_y}{L_y}\right)^2 + \left(\frac{2\pi n_z}{L_z}\right)^2\right\} \quad (n_x, n_y, n_z \text{ は整数})$$

したがって波数と量子数の関係は,

$$(k_x, k_y, k_z) = \left(\frac{2\pi n_x}{L_x}, \frac{2\pi n_y}{L_y}, \frac{2\pi n_z}{L_z}\right)$$

$$k_x\, k_y\, k_z = \frac{2\pi}{L_x}\frac{2\pi}{L_y}\frac{2\pi}{L_z}\, n_x\, n_y\, n_z$$

となり, 逆格子空間の体積は実空間の $\dfrac{8\pi^3}{L_x L_y L_z}$ 倍になっている. したがって逆格子の体積を $\dfrac{8\pi^3}{V}$ で割るとよい.

（ⅰ）
$$g(k)\Delta k = \left(\frac{4}{3}\pi k^3\right)' \Delta k \cdot \frac{V}{8\pi^3}$$

$$= \frac{4\pi k^2}{\dfrac{8\pi^3}{V}}\Delta k$$

$$= \frac{V}{2\pi^2}k^2\Delta k$$

この結果は, 箱型ポテンシャルの場合と同じである. したがって, 以下もすべて問題2の結果と同じになる.

（ⅱ）
$$g(E)\Delta E = \frac{4\pi Vm}{h^3}\sqrt{2mE}\,\Delta E$$

（ⅲ）
$$g(\lambda)\Delta\lambda = -\frac{4\pi V}{\lambda^4}\Delta\lambda$$

（ⅳ）
$$g(\nu)\Delta\nu = \frac{4\pi V}{c^3}\nu^2\Delta\nu$$

（ⅴ）
$$g(\omega)\Delta\omega = \frac{V\omega^2}{2\pi^2 c^3}\Delta\omega$$

理想気体の場合には, 運動量 p もよく出てくるので, 以下に示す.

$$k_x = \frac{2\pi}{L} n_x = \frac{p_x}{\hbar}, \quad p_x = \frac{2\pi\hbar}{L} n_x = \frac{h}{L} n_x$$

p_x 空間は実空間を $\frac{h}{L}$ 倍する. 3次元では $\left(\frac{h}{L}\right)^3$ 倍となり,

$$g(p)\,dp = \frac{4\pi p^2}{\left(\frac{h}{L}\right)^3}\,dp$$

となる.

【問題4】　粒子は区別がつかないので,

$$
\begin{aligned}
Z_{\mathrm{C}} &= \frac{1}{N!}\left(\sum_{i=1}^{\infty} e^{-\beta\epsilon_i}\right)^N \\
&= \frac{1}{N!}\left\{\sum_{n=-\infty}^{\infty} e^{-\frac{\beta\hbar^2}{2m}\left(\frac{2\pi}{L}n\right)^2}\right\}^N \\
&= \frac{1}{N!}\left\{\sum_{n_x=-\infty}^{\infty}\sum_{n_y=-\infty}^{\infty}\sum_{n_z=-\infty}^{\infty} e^{-\frac{\beta\hbar^2}{2m}\left(\frac{2\pi}{L}\right)^2(n_x^2+n_y^2+n_z^2)}\right\}^N \\
&= \frac{1}{N!}\left\{\sum_{n=-\infty}^{\infty} e^{-\frac{\beta\hbar^2}{2m}\left(\frac{2\pi}{L}n\right)^2}\right\}^{3N} \\
&= \frac{1}{N!}\left\{\int_{-\infty}^{\infty}\exp\left(-\frac{2\hbar^2\pi^2}{mV^{\frac{2}{3}}k_{\mathrm{B}}T}n^2\right)dn\right\}^{3N}
\end{aligned}
$$

ここで, $x = \sqrt{\dfrac{2\hbar^2\pi^2}{mV^{\frac{2}{3}}k_{\mathrm{B}}T}}\,n$ とおくと, $dn = \sqrt{\dfrac{mV^{\frac{2}{3}}k_{\mathrm{B}}T}{2\hbar^2\pi^2}}\,dx$ となる. また, $-\infty \le n \le \infty$ は, $-\infty \le x \le \infty$ に対応する. したがって,

$$
\begin{aligned}
Z_{\mathrm{C}} &= \frac{1}{N!}\left\{\int_{-\infty}^{\infty} e^{-x^2}\sqrt{\frac{mV^{\frac{2}{3}}k_{\mathrm{B}}T}{2\hbar^2\pi^2}}\,dx\right\}^{3N} \\
&= \frac{1}{N!}\left(\frac{mV^{\frac{2}{3}}k_{\mathrm{B}}T}{2\hbar^2\pi^2}\right)^{\frac{3}{2}N}\left(\int_{-\infty}^{\infty} e^{-x^2}\,dx\right)^{3N}
\end{aligned}
$$

$$Z_C = \frac{1}{N!}\left(\frac{mk_B T}{2\hbar^2 \pi}\right)^{\frac{3}{2}N} V^N$$

ここで，$\displaystyle\int_{-\infty}^{\infty} e^{-ax^2}\,dx = \sqrt{\frac{\pi}{a}}$ を用いた．この結果は，$Z_C = \dfrac{1}{N!}\left(\dfrac{2\pi m}{\beta h^2}\right)^{\frac{3}{2}N} V^N$（式 (7-8)）と全く同じである．

【問題 5】 異なる 2 種類の気体が分離されているときの分配関数はそれぞれ，

$$Z_1 = \frac{V_1^{N_1}}{N_1!}\left(\frac{2\pi m_1 k_B T}{h^2}\right)^{3N_1/2}$$
$$Z_2 = \frac{V_2^{N_2}}{N_2!}\left(\frac{2\pi m_2 k_B T}{h^2}\right)^{3N_2/2} \tag{1}$$

となる．一方，混合した後の分配関数は，

$$Z = \frac{1}{N_1!\,N_2!} V^{N_1+N_2}\left(\frac{2\pi m_1 k_B T}{h^2}\right)^{3N_1/2}\left(\frac{2\pi m_2 k_B T}{h^2}\right)^{3N_2/2} \tag{2}$$

となる．

次にエントロピーを考える．気体が分離されているときのエントロピーは，それぞれのエントロピー S_1, S_2 の和となる．

$$S_1 = k_B T \frac{\partial}{\partial T}\log Z_1 + k_B \log Z_1$$
$$= \frac{3}{2}N_1 k_B + N_1 k_B \log V_1 + \frac{3}{2}N_1 k_B \log T + \frac{3}{2}N_1 k_B \log \frac{2\pi m_1 k_B}{h^2} - k_B \log N_1! \tag{3}$$

同様に

$$S_2 = \frac{3}{2}N_2 k_B + N_2 k_B \log V_2 + \frac{3}{2}N_2 k_B \log T + \frac{3}{2}N_2 k_B \log \frac{2\pi m_2 k_B}{h^2} - k_B \log N_2! \tag{4}$$

となる．一方，混合気体のエントロピーは，

$$S = \frac{3}{2}N_1 k_B + \frac{3}{2}N_2 k_B + N_1 k_B \log V + N_2 k_B \log V + \frac{3}{2}N_1 k_B \log T + \frac{3}{2}N_2 k_B \log T$$

$$+ \frac{3}{2}N_2 k_B \log \frac{2\pi m_2 k_B}{h^2} + \frac{3}{2}N_1 k_B \log \frac{2\pi m_1 k_B}{h^2} - k_B \log N_1! - k_B \log N_2!$$

$$(5)$$

となる．混合されたことによるエントロピーの変化 ΔS（混合のエントロピー）は，

$$\Delta S = S - (S_1 + S_2) = N_1 k_B (\log V - \log V_1) + N_2 k_B (\log V - \log V_2)$$

$$= N_1 k_B \log \frac{V}{V_1} + N_2 k_B \log \frac{V}{V_2} \qquad (6)$$

となる．ここで，理想気体の状態方程式 $pV_1 = N_1 k_B T$, $pV_2 = N_2 k_B T$, $pV = (N_1 + N_2)k_B T$, $N = N_1 + N_2$ を考慮すると，

$$\frac{V}{V_1} = \frac{N}{N_1}$$

$$\frac{V}{V_2} = \frac{N}{N_2} \qquad (7)$$

となり，これらはともに 1 より大きい．したがって，エントロピーの変化が正ということは混合した過程が不可逆変化であることを示す．式（6）より，$V_1 = V_2 = V/2$, $N_1 = N_2 = N/2$ のときは，

$$\Delta S = N k_B \log 2$$

となる．

【参考】　上述の場合，2 つの気体が同じ種類のものならば混合してもエントロピーは変わらない．そのことを以下に示す．気体の種類が同じならば，混合した後の分配関数 Z は $m = m_1 = m_2$ なので，

$$Z = \frac{1}{(N_1+N_2)!} V^{N_1+N_2} \left(\frac{2\pi m k_B T}{h^3} \right)^{3(N_1+N_2)/2}$$

となる．そのエントロピーは，

$$S = \frac{3}{2}(N_1+N_2)k_B + (N_1+N_2)k_B \log V + \frac{3}{2}(N_1+N_2)k_B \log T$$

$$+ \frac{3}{2}(N_1+N_2)k_B \log \frac{2\pi m k_B}{h^3} - k_B \log\{(N_1+N_2)!\}$$

となる．混合されたことによるエントロピーの変化 ΔS は，

$$\Delta S = S - (S_1+S_2) = N_1 k_B \log \frac{V}{V_1} + N_2 k_B \log \frac{V}{V_2} - k_B \log \frac{(N_1+N_2)!}{N_1! N_2!}$$

である．ここで $p = N_1 k_B T/V_1 = N_2 k_B T/V_2$ から，

$$\frac{V}{V_1} = \frac{N_1+N_2}{N_1}, \quad \frac{V}{V_2} = \frac{N_1+N_2}{N_2}$$

となる．また，スターリングの公式により，

$$\frac{(N_1+N_2)!}{N_1! N_2!} = \left(\frac{N_1+N_2}{N_1} \right)^{N_1} \left(\frac{N_1+N_2}{N_2} \right)^{N_2}$$

となるので，$\Delta S = 0$ となる．

【問題 6】 理想気体の分配関数 $Z_C(N, V, T)$ は，

$$Z_C(N, V, T) = \left(\frac{2\pi m k_B T}{h^2} \right)^{3N/2} \frac{V^N}{N!}$$

と書ける．したがって，$Z_{Gibbs}(N, p, T)$ は，

$$Z_{Gibbs}(N, p, T) = \int_0^\infty \left(\frac{2\pi m k_B T}{h^2} \right)^{3N/2} \frac{1}{N!} V^N e^{-pV/k_B T} dV = \left(\frac{2\pi m k_B T}{h^2} \right)^{3N/2} \left(\frac{k_B T}{p} \right)^N$$

となる．また，$Z_G(\mu, V, T)$ は，

$$Z_{\mathrm{G}}(\mu, V, T) = \sum_{N=0}^{\infty} Z_{\mathrm{C}}(N, V, T)\, e^{\mu N/k_B T} = \sum_{N=0}^{\infty} \left(\frac{2\pi m k_{\mathrm{B}} T}{h^2} \right)^{3N/2} \frac{V^N}{N!} e^{\mu N/k_B T}$$

$$= \exp\left\{ \left(\frac{2\pi m k_{\mathrm{B}} T}{h^2} \right)^{3/2} V e^{\mu/k_B T} \right\}$$

となる. この計算には, $\sum_{N=0}^{\infty} \frac{1}{N!} X^N = e^X$ を用いた.

【問題7】　$N! = N^N e^{-N}$ を用いると F は,

$$F = -\frac{3}{2} N k_{\mathrm{B}} T \log \frac{2\pi m k_{\mathrm{B}} T}{h^2} - N k_{\mathrm{B}} T \log \frac{V}{N} - N k_{\mathrm{B}} T$$

となる. したがって, $G = F + pV = N\mu$ と $pV = N k_{\mathrm{B}} T$ より,

$$G(N, p, T) = -\frac{3}{2} N k_{\mathrm{B}} T \log \frac{2\pi m k_{\mathrm{B}} T}{h^2} - N k_{\mathrm{B}} T \log \frac{k_{\mathrm{B}} T}{p}$$

$$= -k_{\mathrm{B}} T \log Z_{\mathrm{Gibbs}}(N, p, T)$$

となる. さらに $G = N\mu$ より,

$$\mu = k_{\mathrm{B}} T \log \left\{ \left(\frac{h^2}{2\pi m k_{\mathrm{B}} T} \right)^{3/2} \frac{p}{k_{\mathrm{B}} T} \right\} \text{ となり,}$$

$$e^{\mu/k_B T} = \left(\frac{h^2}{2\pi m k_{\mathrm{B}} T} \right)^{3/2} \frac{p}{k_{\mathrm{B}} T} \text{ となる.}$$

したがって, $\dfrac{p}{k_{\mathrm{B}} T} = \left(\dfrac{2\pi m k_{\mathrm{B}} T}{h^2} \right)^{3/2} e^{\mu/k_B T} = \dfrac{\log Z_{\mathrm{G}}(\mu, V, T)}{V}$

となる.

【問題8】

$$F(N, V, T) = \frac{3}{5} N \mu_0 \left\{ 1 - \frac{5}{12} \pi^2 \left(\frac{k_{\mathrm{B}} T}{\mu_0} \right)^2 \right\}$$

上述の F より, $\log Z$, 内部エネルギー E は, 以下のように計算される.

まず分配関数は, $F = -k_{\mathrm{B}} T \log Z_{\mathrm{C}}(N, V, T)$ から,

$$-k_{\mathrm{B}}T\log Z = \frac{3}{5}N\mu_0\left\{1 - \frac{5}{12}\pi^2\left(\frac{k_{\mathrm{B}}T}{\mu_0}\right)^2\right\}$$

$$\log Z = -\frac{3N\mu_0}{5k_{\mathrm{B}}T}\left\{1 - \frac{5}{12}\pi^2\left(\frac{k_{\mathrm{B}}T}{\mu_0}\right)^2\right\}$$

となる. エネルギー E は, $E = -\left\{\dfrac{\partial}{\partial\beta}(\log Z)\right\}_{N,V} = k_{\mathrm{B}}T^2\left\{\dfrac{\partial}{\partial T}(\log Z)\right\}_{N,V}$ から,

$$E = k_{\mathrm{B}}T^2\frac{\partial}{\partial T}\left[-\frac{3N\mu_0}{5k_{\mathrm{B}}T}\left\{1 - \frac{5}{12}\pi^2\left(\frac{k_{\mathrm{B}}T}{\mu_0}\right)^2\right\}\right]$$

$$= k_{\mathrm{B}}T^2\left[\frac{3N\mu_0}{5k_{\mathrm{B}}T^2}\left\{1 - \frac{5}{12}\pi^2\left(\frac{k_{\mathrm{B}}T}{\mu_0}\right)^2\right\} - \frac{3N\mu_0}{5k_{\mathrm{B}}T}\left(-\frac{5}{6}\pi^2\frac{k_{\mathrm{B}}^2T}{\mu_0^2}\right)\right]$$

$$= \frac{3}{5}N\mu_0\left\{1 + \frac{5}{12}\pi^2\left(\frac{k_{\mathrm{B}}T}{\mu_0}\right)^2\right\}$$

となる. $T = 0$ のときの E は, $E(N, V, 0) = \dfrac{3}{5}N\mu_0$ となる.

平均フェルミエネルギーは $\dfrac{3}{5}\mu_0$ となる. 比熱 C_{V} は,

$$C_{\mathrm{V}} = \left(\frac{\partial E}{\partial T}\right)_{N,V} = \frac{3}{5}N\mu_0\frac{5}{12}\pi^2\left(\frac{k_{\mathrm{B}}}{\mu_0}\right)^2 2T$$

$$= \frac{\pi^2 N}{2}\mu_0\left(\frac{k_{\mathrm{B}}}{\mu_0}\right)^2 T$$

$$= \frac{N\pi^2}{2}\frac{k_{\mathrm{B}}^2}{\mu_0}T$$

$$= \gamma T$$

となる. γ はゾンマーフェルトの比熱係数で, $\gamma = \dfrac{Nk_{\mathrm{B}}^2\pi^2}{2\mu_0}$ となる.

15回

復習問題

本書で学習した内容を復習するために，以下の問いを用意した．

【問題1】 N が大きな自然数であるとき，次のスターリングの近似式が成り立つことを示せ．

$$\log N! \simeq N \log N - N$$

【問題2】 次の等式が成り立つことを示せ．

$$\int_{-\infty}^{\infty} e^{-ax^2}\, dx = \sqrt{\frac{\pi}{a}}$$

【問題3】 n 次元の球の体積を求めよ．

【問題4】 図 15-1 に示すように，隣接した2つの箱からなる系を考える．左の箱と右の箱の体積比は $p:q\,(p+q=1)$ である．全部で N 個の粒子がいずれかの箱に入っており，粒子は壁の穴を通って左右の箱を自由に行き来できる．

（1） この系が平衡状態にあるとき，右の箱に n 個の粒子が存在する確率 $P(n)$ を求めよ．

（2） 上で求めた $P(n)$ は規格化されていることを確かめよ．

（3） n の平均値 $\bar{n} = \sum_{n=0}^{N} nP(n)$ ならびに，分散 $S = \sum_{n=0}^{N} (n-\bar{n})^2 P(n)$ を

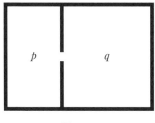

図 15-1

求めよ.

【問題 5】 固有角振動数 ω をもつ 1 つの調和振動子のエネルギーは，次式で与えられる.

$$\epsilon_n = (n + 1/2)\,\hbar\omega \quad (n = 0, 1, 2, \dots)$$

いま，簡単な固体のモデルとして，同じ固有振動数を有する N 個の振動子からなる独立局在系を考える. 系の全エネルギーが，

$$E = (M + N/2)\,\hbar\omega \quad (M は整数)$$

で与えられているとするとき，以下の問いに答えよ.
- （1） 系がとることを許される量子状態の数 $\Omega_N(M)$ を求めよ.
- （2） ボルツマン定数を k_B として，系のエントロピー S を求めよ.
- （3） 系の温度 T として，系の全エネルギー E を $T, \omega, \hbar, k_B$ で表せ.
- （4） この系の熱容量を求めよ.

【問題 6】 N 個の原子が規則正しく並んだ結晶がある. 内部の原子を表面に移動させると点欠陥ができる. この点欠陥形成のエネルギーを ϵ とする.
- （1） n 個の欠陥ができたときの系のエントロピーを求めよ.
- （2） 温度 T における欠陥の平衡数を求めよ.

【問題 7】 N 個の識別可能な調和振動子が互いに弱く結合した系がある. この系は，温度 T の熱浴と接して平衡状態にあるとする. すべての調和振動子の固有角振動数は ω であり，各振動子のエネルギーは，

$$\epsilon_n = (n + 1/2)\,\hbar\omega \quad (n = 0, 1, 2, \dots)$$

で与えられるとする. このとき，系の分配関数を求めよ. さらに，この分配関数から，系の全エネルギーを求めよ.

【問題 8】 温度 T の大きな熱浴と平衡状態にある N 個の粒子からなる系 A を考える. 粒子間の相互作用は小さいとする. 各々の粒子はエネルギー（0 と ϵ）の 2 つの量子状態しかとれないとする. このとき，以下の問いに答えよ.
- （1） 系のヘルムホルツ自由エネルギーを T の関数として表せ.
- （2） 系の内部エネルギーを T の関数として表せ.

（3）　系 A の熱容量を T の関数として表せ.

【問題 9】　温度 T の熱浴と平衡状態にあり，体積 V の箱の中に閉じ込められた N 個の粒子からなる理想気体の系 A を考える. そのハミルトニアンは,

$$H = \sum_{i=1}^{N} \{(p_{ix}^2 + p_{iy}^2 + p_{iz}^2)/2m + U(x_i, y_i, z_i)\}$$

で与えられるとする. ここで, p_{ix}, p_{iy}, p_{iz} は運動量, m は粒子の質量であり $U(x,y,z)$ は箱の中では零, それ以外では無限大となるポテンシャルである.

（1）　量子濃度を $n_Q = (\sqrt{2\pi m k_B T/h^2})^3$ とすると, 分配関数は次のように簡略できることを示せ.

$$Z_C = \frac{1}{N!}(n_Q V)^N$$

（2）　系 A のヘルムホルツ自由エネルギー F ならびにエントロピー S を求めよ.

（3）　次の熱力学関係式を用いて理想気体の状態方程式を導出せよ.

$$p = -\left(\frac{\partial F}{\partial V}\right)_{N,T} \quad (p \text{ は圧力})$$

（4）　濃度 $n = N/V$ の理想気体の化学ポテンシャルは, 次式で表せることを示せ.

$$\mu = k_B T \log(n/n_Q)$$

【問題 10】　気体分子 1 個の吸着が可能な吸着点を N 個有する吸着面が存在する. この吸着面(系 A と呼ぶ)が, 温度 T, 圧力 p, 化学ポテンシャル μ をもつ理想気体と接触しているとする. 分子が 1 個吸着することにより, 系 A のエネルギーは ϵ だけ減少する. このとき, 系 A の大きな分配関数を求めよ. また, 被覆率(吸着分子の数/吸着点の数)を求めよ.

【問題 11】　2 つの化学成分 X, Y からなる 2 元系合金の結晶を考える. XX 間の相互作用, YY 間の相互作用, XY 間の相互作用は等しいとする. 原子の入る位置は全部で N 個あるとし, X 原子は $N-t$ 個, Y 原子は t 個を占めるとする.

（1）　X と Y の可能な配列の数を求めよ.

（2）　この配列によるエントロピーを求めよ．

【問題12】　単位体積中に N 個の分子がある系を考える．各分子は大きさ p の双極子モーメントをもち，双極子間の相互作用は無視できるとする．このとき，この系に電場 E を与えたときにできる分極 P は次式で与えられることを導け．

$$P = Np\left(\coth \alpha - \frac{1}{\alpha}\right)$$

ただし，$\alpha = \dfrac{PE}{k_\mathrm{B}T}$ である．

【問題13】　回転する分子の角運動量 L は量子化されており，その値は量子数 l を用いて，

$$L^2 = l(l+1)\hbar^2 \quad (l = 0, 1, 2, 3, \ldots)$$

と表すことができる．慣性モーメントを I とすると，エネルギー固有値は，

$$\epsilon_l = \frac{\hbar^2}{2I}l(l+1)$$

と表すことができる．

（1）　エネルギー固有値は1つの l に対して $(2l+1)$ 重の縮退があることに注意し，回転分子の1分子あたりの分配関数 z を書け．

（2）　この分配関数は，高温 $\left(k_\mathrm{B}T \gg \dfrac{\hbar^2}{2I}\right)$ においては，$z = \dfrac{2Ik_\mathrm{B}T}{\hbar^2}$ のように近似できることを示せ．また，近似した分配関数を用いて1分子あたりの平均のエネルギー $\epsilon(T)$，熱容量 $C_\mathrm{V}(T)$ を求めよ．

（3）　低温 $\left(k_\mathrm{B}T \ll \dfrac{\hbar^2}{2I}\right)$ における分配関数を，$l=2$ 以上の項を省略して近似せよ．また，近似した分配関数を用いて1分子あたりの平均のエネルギー $\epsilon(T)$，エントロピー $S(T)$，熱容量 $C_\mathrm{V}(T)$ を求めよ．

【復習問題の略解】

【問題1】 $\log N!$ は,

$$\log N! = \log 1 + \log 2 + \log 3 + \cdots + \log N = \sum_{k=1}^{N} \log k$$

と表すことができる. この数列の和は幅 1, 高さ $\log k$ の帯グラフを 1 から N まで並べたときの面積と等しい. この面積は, $\log x$ を $1/2$ から $N+1/2$ まで積分した値とほぼ等しい. すなわち,

$$
\begin{aligned}
\log N! &\simeq \int_{1/2}^{N+1/2} \log x \, dx \\
&= [x \log x]_{1/2}^{N+1/2} - \int_{1/2}^{N+1/2} dx \\
&= \left(N + \frac{1}{2}\right) \log \left(N + \frac{1}{2}\right) - \frac{1}{2} \log \frac{1}{2} - \left(N + \frac{1}{2}\right) + \frac{1}{2} \\
&\simeq N \log N - N
\end{aligned}
$$

となる.

【問題2】 $\int_{-\infty}^{\infty} e^{-ax^2} dx = \sqrt{\dfrac{\pi}{a}}$ はいわゆるガウス積分と呼ばれる. $\int_{-\infty}^{\infty} e^{-ax^2} dx = I$ として I^2 を計算する. ここで, x と異なる新しい変数 y を導入しても $I = \int_{-\infty}^{\infty} e^{-ay^2} dy$ が成り立つ. そこで, I^2 を x と y の関数の積分と考えると,

$$
\begin{aligned}
I^2 &= \int_{-\infty}^{\infty} e^{-ax^2} dx \int_{-\infty}^{\infty} e^{-ay^2} dy \\
&= \int_{-\infty}^{\infty} \int_{-\infty}^{\infty} e^{-a(x^2+y^2)} dx \, dy
\end{aligned}
$$

となる. この積分の x と y をそれぞれ $r\cos\theta$ と $r\sin\theta$ に変数変換して計算すると,

$$\int_{-\infty}^{\infty} \int_{-\infty}^{\infty} e^{-a(x^2+y^2)} dx \, dy = \int_{0}^{2\pi} \left(\int_{0}^{\infty} r e^{-ar^2} dr\right) d\theta$$

$$= \left[-\frac{1}{2a} e^{-ar^2} \right]_0^\infty \times \int_0^{2\pi} d\theta$$

$$= \frac{1}{2a} \int_0^{2\pi} d\theta$$

$$= \frac{1}{2a} [\theta]_0^{2\pi}$$

$$= \frac{\pi}{a}$$

となる．したがって，$I = \sqrt{\dfrac{\pi}{a}}$ となる．

【問題 3】

n 次元球(超球)はその半径を R とすると，

$$x_1^2 + x_2^2 + x_3^2 + \cdots + x_{n-1}^2 + x_n^2 \leq R^2$$

を満たす点の集合である．この n 次元球の体積は漸化式を使って

$$V_n(R) = \frac{2\pi R^2}{n} V_{n-2}(R)$$

と表される．この式を使って n 次元球の体積を計算すると

$$V_n(R) = \frac{\pi^{n/2}}{\Gamma(n/2+1)} R^n$$

となる．ここで，Γ はオイラーの Γ 関数である．

n が奇数の場合 ($n = 2k+1$) と偶数 ($n = 2k$) の場合，それぞれ，

$$V_{2k+1}(R) = \frac{2(k!)(4\pi)^k}{(2k+1)!} R^{2k+1}$$

$$V_{2k}(R) = \frac{\pi^k}{k!} R^{2k}$$

となる．

他にもいくつか求め方があるので調べて計算してみるとよい．

【問題 4】

（1）　$P(n) = \dfrac{N!}{n!\,(N-n)!} p^n q^{N-n}$

（2）　二項定理より，

$$\sum_{n=0}^{N} P(n) = (p+q)^N, \quad p+q = 1$$

であるから，

$$\sum_{n=0}^{N} P(n) = 1$$

（3）

$$\bar{n} = \sum_{n=0}^{N} nP(n) = p\frac{\partial}{\partial p}\sum_{n=0}^{N}\binom{N}{n}p^n q^{N-n} = p\frac{\partial}{\partial p}(p+q)^N = pN(p+q)^{N-1} = pN$$

$$\overline{n^2} = \sum_{n=0}^{N} n^2 P(n) = p\frac{\partial}{\partial p}\left(p\frac{\partial}{\partial p}(p+q)^N\right) = (pN)^2 + Npq = \bar{n}^2 + Npq$$

$$\therefore S = \overline{n^2} - \bar{n}^2 = Npq$$

【問題 5】

（1）　$\Omega_{\mathrm{N}}(M) = \dfrac{(M+N-1)!}{M!(N-1)!}$

（2）　$S = k_{\mathrm{B}}\{(M+N)\log(M+N) - M\log M - N\log N\}$

（3）　$E = N\left(\dfrac{1}{2}\hbar\omega + \dfrac{\hbar\omega}{e^{\hbar\omega/k_{\mathrm{B}}T}-1}\right)$

（4）　$C_{\mathrm{V}} = Nk_{\mathrm{B}}\left(\dfrac{\theta}{T}\right)^2\dfrac{e^{\theta/T}}{(e^{\theta/T}-1)^2}$　　ただし，$\theta = \dfrac{\hbar\omega}{k_{\mathrm{B}}}$ である．

【問題 6】

（1）　$S = Nk_{\mathrm{B}}\left\{\left(1+\dfrac{n}{N}\right)\log\left(1+\dfrac{n}{N}\right) - \dfrac{n}{N}\log\dfrac{n}{N}\right\}$

（2）　$n = \dfrac{N}{\exp\left(\dfrac{\epsilon}{k_{\mathrm{B}}T}\right)-1}$

【問題 7】

1つの振動子の分配関数は，$z = \sum_{n=0}^{\infty} e^{-\epsilon_n/k_{\mathrm{B}}T} = e^{-\frac{1}{2}\frac{\hbar\omega}{k_{\mathrm{B}}T}}\dfrac{1}{1-e^{-\hbar\omega/k_{\mathrm{B}}T}}$ となる．

系全体の分配関数は，$Z = z^N = e^{-\frac{N}{2}\frac{\hbar\omega}{k_{\mathrm{B}}T}}\left(\dfrac{1}{1-e^{-\hbar\omega/k_{\mathrm{B}}T}}\right)^N$ となる．

系の全エネルギーは，$E = -\dfrac{\partial\log Z}{\partial\beta} = \dfrac{1}{2}N\hbar\omega + \dfrac{N\hbar\omega}{e^{\hbar\omega/k_{\mathrm{B}}T}-1}$ となる．

【問題 8】

（ 1 ）　$F = -k_{\mathrm{B}}TN \log\left(1 + e^{-\epsilon/k_{\mathrm{B}}T}\right)$

（ 2 ）　内部エネルギー：$E = N\dfrac{\epsilon}{1 + e^{\epsilon/k_{\mathrm{B}}T}}$

（ 3 ）　熱容量：E を T で微分せよ．

【問題 9】

（ 1 ）　$\displaystyle\int_{-\infty}^{\infty} e^{-ax^2}\,dx = \sqrt{\dfrac{\pi}{a}}$ を利用する．

（ 2 ）　$F = -k_{\mathrm{B}}TN\left(\log\dfrac{n_{\mathrm{Q}}V}{N} + 1\right),\ \ S = k_{\mathrm{B}}N\left(\log\dfrac{n_{\mathrm{Q}}V}{N} + \dfrac{5}{2}\right)$

（ 3 ）　省略

（ 4 ）　$\mu = \left(\dfrac{\partial F}{\partial N}\right)_{T,V}$ を使う．

【問題 10】

大きな分配関数 Z_{G} は，

$$Z_{\mathrm{G}} = \sum_{M=0}^{N}\binom{N}{M}\exp\left(-\frac{M\epsilon_0 - \mu M}{k_{\mathrm{B}}T}\right) = \left(1 + \exp\left(\frac{\epsilon_0 + \mu}{k_{\mathrm{B}}T}\right)\right)^N$$

となる．平均の吸着数は，

$$\overline{M} = k_{\mathrm{B}}T\frac{\partial}{\partial\mu}\log Z_{\mathrm{G}}$$

となる．被覆率は，

$$f = \frac{\overline{M}}{N} = \frac{1}{1 + \exp\left(-\dfrac{\epsilon_0 + \mu}{k_{\mathrm{B}}T}\right)}$$

となる．

【問題 11】

（ 1 ）　可能な配列の数は，$W = \dfrac{N!}{t!\,(N-t)!}$ となる．

（ 2 ）　$S = -Nk_{\mathrm{B}}\{(1-x)\log(1-x) + x\log x\}$, ただし，$x = t/N$ となる．

【問題 12】 省略

【問題 13】

（1）　$z = \sum_{l=0}^{\infty} (2l+1) \exp\left(-\frac{1}{k_{\mathrm{B}}T}\frac{\hbar^2}{2I}l(l+1)\right)$　和を積分に置き換えて計算する.

（2）　エネルギー：$k_{\mathrm{B}}T$, 熱容量：k_{B}

（3）　エネルギー：$\dfrac{3\hbar^2}{I}\exp\left(-\dfrac{\hbar^2}{Ik_{\mathrm{B}}T}\right)$, エントロピー：$\dfrac{3\hbar^2}{IT}\exp\left(-\dfrac{\hbar^2}{Ik_{\mathrm{B}}T}\right)$,

熱容量：$\dfrac{3\hbar^4}{k_{\mathrm{B}}I^2T^2}\exp\left(-\dfrac{\hbar^2}{Ik_{\mathrm{B}}T}\right)$

参 考 書

［1］ 長岡洋介：基礎物理シリーズ7 統計力学，岩波書店(1994)

［2］ 田崎晴明：新物理シリーズ 統計力学Ⅰ・Ⅱ，培風館(2008)

［3］ 久保亮五編：大学演習 熱学・統計力学，裳華房(1998)

［4］ ランダウ，リフシッツ：統計物理学上・下，岩波書店(1980)

［5］ キッテル：熱物理学，丸善(1983)

［6］ Terrell L. Hill：An introduction to statistical thermodymanics(Dover Books on Physics)

［7］ Herbert B. Callen：Thermodynamics and an introduction to thermostatistics (2nd edition)(John Wiley & Sons)

［8］ Federik Reif：Fundamentals of statistical and thermal physics (Waveland Press)

［9］ 小出昭一郎：量子力学＜1＞・＜2＞，裳華房(1990)

［10］ ディラック(朝永振一郎，玉木英彦，木庭二郎，大塚益比古，伊藤大介訳)：量子力学，岩波書店(2017)

［11］ 掛下知行，糟谷正，中谷亮一：理工系の量子力学，大阪大学出版会(2018) ISBN978-4-87259-608-3 C3042

索　引

169

著者略歴

掛下　知行（かけした　ともゆき）
1952 年　北海道札幌市生まれ
1976 年　北海道大学理学部物理学科卒業
1978 年　北海道大学大学院理学研究科物理学専攻修士課程修了
1979 年　大阪大学大学院基礎工学研究科物理系専攻博士後期課程中退
　　　　　大阪大学産業科学研究所文部教官教育職
1983 年　大阪大学産業科学研究所　助手
1987 年　理学博士（物理）（大阪大学）
1993 年　大阪大学大学院工学研究科　助教授（准教授）
2000 年　大阪大学大学院工学研究科　教授
2018 年　大阪大学名誉教授
2018 年　福井工業大学　学長

福田　隆（ふくだ　たかし）
1963 年　滋賀県八日市市生まれ
1986 年　大阪大学工学部金属材料工学科卒業
1988 年　大阪大学大学院工学研究科冶金工学科専攻修士課程修了
　　　　　三菱金属株式会社入社
1990 年　大阪大学工学部材料物性工学科　助手
1998 年　博士（工学）（大阪大学）
2002 年　大阪大学大学院工学研究科マテリアル科学専攻　講師
2007 年　大阪大学大学院工学研究科マテリアル生産科学専攻　准教授
2020 年　逝去

寺井　智之（てらい　ともゆき）
1972 年　兵庫県尼崎市生まれ
1996 年　大阪大学工学部材料物性工学科卒業
1998 年　大阪大学大学院工学研究科材料物性工学専攻修士課程修了
2001 年　大阪大学大学院工学研究科マテリアル科学専攻博士課程修了　博士（工学）
　　　　　東京大学大学院工学系研究科リサーチアソシエイト
　　　　　大阪大学大学院工学研究科マテリアル科学専攻　助手
2007 年　大阪大学大学院工学研究科マテリアル生産科学専攻　助教
2012 年　大阪大学大学院工学研究科マテリアル生産科学専攻　講師
　　　　　大阪大学大学院工学研究科留学生相談部　講師
2015 年　大阪大学大学院工学研究科国際交流推進センター　講師

2021 年 3 月 31 日　第 1 版発行

著者の了解により検印を省略いたします

統計力学講義ノート

著　者 © 掛　下　知　行
　　　　　福　田　　　隆
　　　　　寺　井　智　之

発行者　内　田　　　学
印刷者　馬　場　信　幸

発行所　株式会社　内田老鶴圃　〒112-0012 東京都文京区大塚3丁目34番3号
電話 03(3945)6781(代)・FAX 03(3945)6782
印刷・製本/三美印刷 K.K.
http://www.rokakuho.co.jp/

Published by UCHIDA ROKAKUHO PUBLISHING CO., LTD.
3-34-3 Otsuka, Bunkyo-ku, Tokyo, Japan

ISBN 978-4-7536-5557-1 C3042　　U. R. No. 660-1